随时随地轻松学电工丛书

电 工

常用操作技能随身学

凌玉泉 黄海平 等编

机 械 工 业 出 版 社

本书主要介绍电工操作方面的基本技术与实用技能，并对近年来出现的新技术、新技能以及新设备的使用等知识做了介绍，内容包括：电工常用工具与仪表、电工基本操作技能、电工常用室内配电线路与安全用电、常用电气照明及临时照明、变频器与软起动器、数控机床、电梯设备、弱电系统、智能楼宇安全防范系统、电工常用低压电器、电工常用动力设备的应用、PLC控制技术入门与应用等。

本书内容新、知识广，具有随身带、随时学、随时查、随时用的新特色，适合广大城乡初、中级电工人员，特别是电工操作人员阅读参考，对大专院校以及职业技术学院的相关专业师生也非常实用，另外对岗前培训以及下岗再就业人员也有阅读参考价值。

前言

目前，随着电气化日新月异的发展，为了满足广大电工人员的实际需求，我们根据多年来的实际电工工作经验，以图文并茂的方式，编写了本书，目的是给初、中级电工人员在实际工作应用中提供更贴切的操作技术和技能上的参考与帮助，以便使电工读者更好地将实用技术应用到自己的工作中，从而解决在实际工作中的许多具体问题，取得立竿见影的良好效果。

本书重点编写了电工实用技术和操作技能，突出了实用性和可操作性，本书内容简洁丰富，形象直观，能让读者在轻松、直观中理论联系实际，从而能学到、查到或用到更需要的电工操作知识和技能。本书结合电工的实际操作需要，介绍了电工常用工具与仪表、电工基本操作技能、电工常用室内配电线路与安全用电、常用电气照明及临时照明、变频器与软起动器、数控机床、电梯设备、弱电系统、智能楼宇安全防范系统、电工常用低压电器、电工常用动力设备的应用、PLC 控制技术入门与应用等。

本书具有随身带、随时学、随时查、随时用的新特色，以帮助读者解决一些电工工作中常遇到的操作方面的问题。

本书参加编写的人员还有于荣守、于荣宁、黄鑫、李燕、王兰君、张杨、刘彦爱、高惠瑾、凌万泉、李渝陵、朱雷雷、凌珍泉、贾贵超、刘守真、谭亚林、王文婷、邢军、李霞、张从知。

由于作者水平所限，书中难免出现错误和疏漏，敬请广大读者批评指正。

作 者

目录

前言

第1章　电工常用工具与仪表 ……………………………… 1

1.1　常用工具 ……………………………………………………… 1

1.1.1　低压验电笔 …………………………………………… 1

1.1.2　高压验电笔 …………………………………………… 4

1.1.3　螺丝刀 ………………………………………………… 6

1.1.4　钢丝钳 ………………………………………………… 6

1.1.5　尖嘴钳 ………………………………………………… 7

1.1.6　管子割刀 ……………………………………………… 8

1.1.7　管子钳 ………………………………………………… 9

1.2　常用量具 ……………………………………………………… 9

1.2.1　千分尺 ………………………………………………… 9

1.2.2　游标卡尺 ……………………………………………… 11

1.2.3　量角器 ………………………………………………… 13

1.2.4　塞尺 …………………………………………………… 13

1.2.5　水平仪 ………………………………………………… 14

1.3　常用仪表 ……………………………………………………… 14

1.3.1　万用表 ………………………………………………… 14

1.3.2　钳形电流表 …………………………………………… 22

　　1.3.3　绝缘电阻表 ……………………………… 24

第2章　电工基本操作技能 …………………………… 31

2.1　导线绝缘层的剖削 ……………………………… 31

　　2.1.1　塑料绝缘单芯线绝缘层的剖削 …………… 31

　　2.1.2　橡皮绝缘线线头绝缘层的剖削 …………… 32

　　2.1.3　橡皮绝缘软线线头绝缘层的剖削 ………… 33

　　2.1.4　塑料护套线线头绝缘层的剖削 …………… 34

2.2　导线的连接 ……………………………………… 34

　　2.2.1　单股铜芯导线的直线连接 ………………… 34

　　2.2.2　单股铜芯导线的T形分支连接 …………… 35

　　2.2.3　7股铜芯导线的直线连接 ………………… 35

　　2.2.4　7股铜芯导线的T形分支连接 …………… 37

　　2.2.5　线头与接线桩的连接 ……………………… 38

　　2.2.6　导线绝缘层的恢复 ………………………… 39

2.3　手工攻螺纹 ……………………………………… 39

　　2.3.1　攻螺纹工具 ………………………………… 39

　　2.3.2　攻螺纹的操作方法 ………………………… 42

2.4　手工套螺纹 ……………………………………… 43

　　2.4.1　套螺纹的工具 ……………………………… 43

　　2.4.2　套螺纹的操作方法 ………………………… 45

2.5　安装木榫、胀管和膨胀螺栓 …………………… 45

　　2.5.1　木榫的安装 ………………………………… 45

　　2.5.2　胀管的安装 ………………………………… 48

　　2.5.3　膨胀螺栓的安装 …………………………… 50

2.6　手工电弧焊 ……………………………………… 52

2.6.1　电弧焊工具 ………………………………… 52

2.6.2　焊接头的形式 ……………………………… 55

2.6.3　焊接方式 …………………………………… 56

2.6.4　操作步骤和方法 …………………………… 57

第3章　电工常用室内配电线路与安全用电 ……… 62

3.1　配电线路 ………………………………………… 62

3.1.1　六层楼配电系统分配线路 ………………… 62

3.1.2　一室一厅配电线路 ………………………… 63

3.1.3　两室一厅配电线路 ………………………… 63

3.1.4　四室两厅配电线路 ………………………… 65

3.1.5　照明进户配电箱线路 ……………………… 65

3.2　电能表的选择、使用与安装 …………………… 65

3.2.1　电能表的型号 ……………………………… 70

3.2.2　电能表的结构和工作原理 ………………… 70

3.2.3　单相电能表的选用 ………………………… 71

3.2.4　单相电能表的抄表和读数 ………………… 72

3.2.5　单相电能表的安装和接线 ………………… 72

3.3　漏电保护器的选择与安装 ……………………… 75

3.3.1　漏电保护器的选择 ………………………… 75

3.3.2　漏电保护器的安装 ………………………… 77

3.4　室内线路的安装 ………………………………… 79

3.4.1　塑料护套线配线 …………………………… 79

3.4.2　线槽配线 …………………………………… 83

3.5　安全操作规程及安全用电常识 ………………… 84

3.5.1　安全操作规程 ……………………………… 84

3.5.2　安全用电常识 ……………………………………… 90

3.6　触电救护措施 ……………………………………………… 92

3.6.1　触电的几种情况 ………………………………… 92

3.6.2　触电后的急救 …………………………………… 94

3.6.3　触电急救方法 …………………………………… 96

3.6.4　人工呼吸法 ……………………………………… 97

3.6.5　胸外心脏按压法 ………………………………… 102

第4章　常用电气照明及临时照明 ……………… 104

4.1　开关的安装与检修 ………………………………………… 104

4.1.1　拉线开关的安装 ………………………………… 104

4.1.2　跷板式开关的安装 ……………………………… 104

4.1.3　开关的常见故障及检修方法 …………………… 106

4.2　插座的安装与检修 ………………………………………… 107

4.2.1　两孔插座的明装 ………………………………… 107

4.2.2　三孔插座的暗装 ………………………………… 108

4.2.3　两孔移动式插座的安装 ………………………… 109

4.2.4　插座的常见故障及检修方法 …………………… 109

4.3　白炽灯的安装与检修 ……………………………………… 111

4.3.1　白炽灯的基本控制电路 ………………………… 111

4.3.2　白炽灯的安装方法 ……………………………… 117

4.3.3　白炽灯的常见故障及检修方法 ………………… 123

4.4　荧光灯的安装与检修 ……………………………………… 125

4.4.1　荧光灯的基本控制电路 ………………………… 125

4.4.2　荧光灯的安装方法 ……………………………… 127

4.4.3　荧光灯的常见故障及检修方法 ………………… 130

4.5 高压汞灯的安装与检修 ………………………………… 134

　4.5.1 高压汞灯的安装 ………………………………… 134

　4.5.2 高压汞灯的常见故障及检修方法 ……………… 137

4.6 碘钨灯的安装与检修 ………………………………… 138

　4.6.1 碘钨灯的安装 ………………………………… 138

　4.6.2 碘钨灯的常见故障及检修方法 ………………… 140

4.7 其他灯具的安装 ……………………………………… 140

　4.7.1 节能灯 ………………………………………… 140

　4.7.2 高压钠灯 ……………………………………… 141

　4.7.3 氙灯 …………………………………………… 142

　4.7.4 应急照明灯 …………………………………… 144

　4.7.5 疏散照明灯 …………………………………… 145

　4.7.6 新型 LED 灯 …………………………………… 146

4.8 工地临时照明 ………………………………………… 147

4.9 农村临时照明 ………………………………………… 148

第5章 变频器与软起动器 ……………………………… 151

5.1 变频器的安装和使用 ………………………………… 151

　5.1.1 变频器的安装 ………………………………… 151

　5.1.2 变频器的使用 ………………………………… 153

5.2 变频器的电气控制电路 ……………………………… 154

　5.2.1 主电路端子的接线 …………………………… 156

　5.2.2 控制电路端子的接线 ………………………… 157

5.3 变频器的实际应用电路 ……………………………… 160

　5.3.1 有正反转功能变频器控制电动机正反转

　　　　调速电路 ………………………………………… 160

　　5.3.2　无正反转功能变频器控制电动机正反转调速
　　　　　电路 ··· 161

　　5.3.3　电动机变频器的步进运行及点动运行电路 ····· 163

　　5.3.4　用单相电源变频控制三相电动机电路 ··········· 164

　5.4　软起动器的特点 ··· 165

　5.5　软起动器的电气控制电路 ·································· 166

　　5.5.1　软起动器的主电路连接图 ························· 166

　　5.5.2　软起动器的总电路连接图 ························· 166

　5.6　软起动器的实际应用电路 ·································· 169

　　5.6.1　一台西普STR软起动器控制两台电动机
　　　　　电路 ··· 169

　　5.6.2　一台西普STR软起动器起动两台电动机
　　　　　电路 ··· 169

第6章　数控机床 ··· 172

　6.1　数控机床的控制原理 ·· 173

　6.2　数控机床的特点 ·· 173

　6.3　数控机床的组成 ·· 174

　6.4　数控机床电气故障检修 ····································· 176

第7章　电梯设备 ··· 181

　7.1　电梯基础知识 ··· 181

　　7.1.1　电梯的型号 ·· 181

　　7.1.2　电梯的基本结构 ······································ 182

　7.2　电梯的使用和运行 ·· 189

　　7.2.1　电梯的使用 ·· 189

7.2.2　电梯紧急事故处理 ……………………………… 191

7.3　电梯的保养、维护和检修 ……………………… 192

7.3.1　电梯的经常性巡视 ……………………………… 192

7.3.2　电梯的例行检查 ………………………………… 194

7.3.3　电梯的定期保养 ………………………………… 195

7.3.4　电梯的常见故障及排除方法 …………………… 197

第8章　弱电系统 ……………………………………… 203

8.1　有线电视系统 …………………………………… 203

8.1.1　有线电视系统的组成 …………………………… 203

8.1.2　有线电视使用的器材 …………………………… 205

8.1.3　有线电视连接与卫星接收 ……………………… 206

8.2　电话系统 ………………………………………… 209

8.2.1　电话通信线路的组成 …………………………… 209

8.2.2　系统使用的器材 ………………………………… 211

8.2.3　电话线与宽带网的安装 ………………………… 212

8.3　火灾自动报警控制系统 ………………………… 212

8.3.1　火灾自动报警控制系统的主要构成 …………… 212

8.3.2　火灾探测器的使用和安装 ……………………… 222

8.3.3　灭火系统 ………………………………………… 227

8.3.4　防、排烟控制 …………………………………… 232

8.3.5　防火卷帘、防火门控制 ………………………… 234

8.3.6　火灾事故广播控制 ……………………………… 234

8.3.7　电梯控制 ………………………………………… 235

8.3.8　手动火灾报警按钮 ……………………………… 236

第9章 智能楼宇安全防范系统 ………… 237

9.1 防盗报警系统 ……………………… 237

9.1.1 入侵探测器 ……………………… 237

9.1.2 入侵报警控制器 ………………… 242

9.1.3 防盗系统的布防模式 …………… 243

9.2 闭路监控电视系统 ………………… 244

9.2.1 组成方式 ………………………… 244

9.2.2 基本结构 ………………………… 246

9.3 楼宇对讲系统 ……………………… 251

9.3.1 系统分类 ………………………… 251

9.3.2 系统操作说明 …………………… 254

9.4 停车场管理系统 …………………… 256

9.4.1 系统组成 ………………………… 256

9.4.2 系统工作流程 …………………… 260

第10章 电工常用低压电器 ……………… 262

10.1 低压熔断器 ………………………… 262

10.1.1 几种常用的熔断器 …………… 263

10.1.2 熔断器的选用 ………………… 264

10.1.3 熔断器的安装及使用注意事项 … 265

10.1.4 熔断器的常见故障及检修方法 … 266

10.2 低压断路器 ………………………… 267

10.2.1 低压断路器的选用 …………… 268

10.2.2 低压断路器的安装、使用和维护 ……… 269

10.2.3 低压断路器的常见故障及检修方法 …… 270

10.3　交流接触器 …………………………………… 272

10.3.1　交流接触器的选用 ………………………… 274

10.3.2　交流接触器的安装、使用和维护 ………… 275

10.3.3　接触器的常见故障及检修方法 …………… 276

10.4　热继电器 ……………………………………… 279

10.4.1　热继电器的选用 …………………………… 280

10.4.2　热继电器的安装、使用和维护 …………… 280

10.4.3　热继电器的常见故障及检修方法 ………… 282

10.5　时间继电器 …………………………………… 283

10.5.1　时间继电器的选用 ………………………… 284

10.5.2　时间继电器的安装使用和维护 …………… 285

10.5.3　时间继电器的常见故障及检修方法 ……… 285

10.6　开启式负荷开关 ……………………………… 286

10.6.1　开启式负荷开关的选用 …………………… 287

10.6.2　开启式负荷开关的安装和使用注意事项 … 288

10.6.3　开启式负荷开关的常见故障及检修方法 … 288

10.7　封闭式负荷开关 ……………………………… 289

10.7.1　封闭式负荷开关的选用 …………………… 290

10.7.2　封闭式负荷开关的安装及使用注意事项 … 290

10.7.3　封闭式负荷开关的常见故障及检修方法 … 291

10.8　组合开关 ……………………………………… 292

10.8.1　组合开关的选用 …………………………… 293

10.8.2　组合开关的安装及使用注意事项 ………… 293

10.8.3　组合开关的常见故障及检修方法 ………… 294

10.9　按钮 …………………………………………… 294

10.9.1　按钮的选用 ………………………………… 295

10.9.2　按钮的安装和使用 ……………………………… 296

10.9.3　按钮的常见故障及检修方法 …………………… 296

10.10　行程开关 ……………………………………………… 297

10.10.1　行程开关的选用 ……………………………… 298

10.10.2　行程开关的安装和使用 ……………………… 298

10.10.3　行程开关的常见故障及检修方法 …………… 299

10.11　凸轮控制器 ……………………………………………… 299

10.11.1　凸轮控制器的选用 ……………………………… 300

10.11.2　凸轮控制器的安装和使用 ……………………… 300

10.11.3　凸轮控制器的常见故障及检修方法 …………… 301

10.12　自耦减压起动器 ……………………………………… 302

10.12.1　自耦减压起动器的选用 ………………………… 303

10.12.2　自耦减压起动器的安装和使用注意事项 …… 303

10.12.3　自耦减压起动器的常见故障及检修方法 …… 304

10.13　磁力起动器 ……………………………………………… 306

10.13.1　磁力起动器的选用 ……………………………… 307

10.13.2　磁力起动器的安装和使用 ……………………… 307

10.13.3　磁力起动器的常见故障及检修方法 …………… 308

10.14　星-三角起动器 ………………………………………… 310

10.14.1　星-三角起动器的型号 …………………………… 310

10.14.2　星-三角起动器的安装和使用 …………………… 311

第11章　电工常用动力设备的应用 …………………… 312

11.1　三相异步电动机的基本结构 ……………………… 312

11.1.1　定子 ………………………………………………… 313

11.1.2　转子 ………………………………………………… 313

11.2　三相异步电动机的铭牌 ………………………… 315

11.2.1　铭牌的一般形式 …………………………… 315

11.2.2　铭牌的含义 ………………………………… 315

11.3　电动机的选择 ……………………………………… 320

11.3.1　电动机类型的选择 ………………………… 320

11.3.2　电动机功率的选择 ………………………… 321

11.3.3　电动机转速的选择 ………………………… 321

11.3.4　电动机防护形式的选择 …………………… 322

11.4　电动机的使用 ……………………………………… 323

11.4.1　电动机使用前的准备工作 ………………… 323

11.4.2　电动机起动时应注意的问题 ……………… 324

11.4.3　电动机在运行中的监视与维护 …………… 324

11.5　电工常用配电电路 ………………………………… 327

11.5.1　利用封闭式负荷开关手动正转控制电路 … 327

11.5.2　用倒顺开关的正反转控制电路 …………… 328

11.5.3　具有过载保护的正转控制电路 …………… 329

11.5.4　点动与连续运行控制电路 ………………… 329

11.5.5　避免误操作的两地控制电路 ……………… 330

11.5.6　三地（多地点）控制电路 ………………… 332

11.5.7　按钮联锁正反转控制电路 ………………… 332

11.5.8　接触器联锁的正反转控制电路 …………… 334

11.5.9　按钮、接触器复合联锁的正反转控制电路 … 335

11.5.10　用按钮点动控制电动机起停电路 ………… 335

11.5.11　接触器联锁的点动和长动正反转控制

电路 ……………………………………… 336

11.5.12　单线远程正反转控制电路 ……………… 337

11.5.13　用转换开关预选的正反转起停控制电路 …… 339

11.5.14　自动往返控制电路 ……………………… 339

11.5.15　单线远程控制电动机起停电路 …………… 340

11.5.16　能发出起停信号的控制电路……………… 342

11.5.17　两台电动机按顺序起动同时停止的控制
　　　　电路 ……………………………………… 343

11.5.18　两台电动机按顺序起动分开停止的控制
　　　　电路 ……………………………………… 344

11.5.19　两条运输原料传送带的电气控制电路 …… 345

11.5.20　多台电动机可同时起动又可有选择起动的
　　　　控制电路 ………………………………… 347

11.5.21　HZ5 系列组合开关应用电路 ……………… 348

11.5.22　电动葫芦的电气控制电路………………… 351

11.5.23　用八挡按钮操作的桥式起重机控制电路…… 353

11.5.24　10t 桥式起重机的电气控制电路 ………… 353

11.5.25　自耦减压起动器电路 ……………………… 358

11.5.26　QX1 型手动控制丫 - △减压起动电路 …… 360

11.5.27　XJ01 型自动补偿减压起动控制柜电路 … 361

11.5.28　75kW 电动机起动配电柜电路 …………… 361

11.5.29　电磁制动器制动控制电路………………… 364

11.5.30　单向运转全波整流能耗制动电路 ………… 365

11.5.31　单相照明双路互备自投供电电路 ………… 366

11.5.32　双路三相电源自投电路 …………………… 368

11.5.33　自动节水电路……………………………… 369

11.5.34　电力变压器自动风冷电路………………… 370

11.5.35　用电接点压力表做水位控制……………… 371

11.5.36　UQK-2 型浮球液位变送器接线电路 ········ 371

11.5.37　全自动水位控制水箱放水电路 ·············· 374

11.5.38　一种高位停低位开的自动控制电路 ·········· 376

11.5.39　电流型漏电保护器电路 ···················· 377

11.5.40　电能表的防雷接线电路 ···················· 378

11.5.41　DD17 型单相跳入式电能表的接线方法 ······ 380

11.5.42　单相电能表测有功功率顺入接线方法 ········ 381

11.5.43　DT8 型三相四线制电能表接线方法 ·········· 382

第 12 章　PLC 控制技术入门与应用 ·············· 386

12.1　PLC 的组成结构 ··························· 386

12.2　PLC 的功能 ······························· 388

12.3　PLC 的应用范围 ··························· 390

12.4　PLC 的特点 ······························· 391

12.5　PLC 各个部分的工作原理 ··················· 393

12.6　PLC 的基本原理 ··························· 396

12.7　PLC 的主要性能指标 ······················ 398

12.8　PLC 的编程原则 ··························· 399

12.9　编程语言的种类 ··························· 403

12.10　PLC 的编程方法 ·························· 406

12.11　PLC 的指令系统常用指令 ················· 408

12.12　采用 PLC 对电动机进行正反转控制 ·········· 410

12.13　采用 PLC 对喷漆机械手进行定位控制实例 ······· 412

附录　电工常用电气电路图形符号与文字

符号·· 416

第1章

电工常用工具与仪表

1.1 常用工具

1.1.1 低压验电笔

低压验电笔是用来检测低压导体和电气设备外壳是否带电的常用工具,检测电压的范围通常为 60 ~ 500V。低压验电笔的外形通常有钢笔式和螺丝刀式两种,如图 1-1 所示。

a)钢笔式验电笔   b)螺丝刀式验电笔

图 1-1 低压验电笔

使用低压验电笔时,必须按图 1-2 所示的方法握笔,以手指触及笔尾的金属体,使氖管小窗背光朝自己。当用验电笔测带电体时,电流经带电体、验电笔、人体、大地形成回路，只要带电体与大地之间的电位差超过 60V，验电笔中的氖泡就发光。电压高、发光强，电压低、发光弱。使用低压验电笔时应注意以下事项：

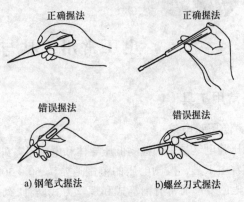

图1-2　低压验电笔的使用方法

1）低压验电笔使用前，应先在确定有电处测试，证明验电笔确实良好后方可使用。

2）验电时，一般用右手握住验电笔，此时人体的任何部位切勿触及周围的金属带电物体。

3）验电笔顶端金属部分不能同时搭在两根导线上，以免造成相间短路。

4）对于螺丝刀式低压验电笔，其前端应加护套，只能露出 10mm 左右的一截作测试用。若不加护套，易引起被测试相线之间或相线对地短路。

5）普通低压验电笔的电压测量范围在 60 ~ 500V 之间，切勿用普通验电笔测试超过 500V 的电压。

6）如果验电笔需在明亮的光线下或阳光下测试带电体时，应当避光检测，以防光线太强不易观察到氖管是否发亮，造成误判。

低压验电笔除能测量物体是否带电外，还能帮助人们做一些其他的测量：

1）判断感应电。用一般验电笔测量较长的三相线路时，即使三相交流电源断一相，也很难判断出是哪一根电源断相（原因是线路较长，并行的线与线之间有线间电容存在，使得断相的某根导线产生感应电，致使验电笔氖管发亮）。此时，可在验电笔的氖管上并接一只 1500pF 的小电容（耐压应取大于 250V），这样在测带电线路时，验电笔可照常发光；如果测得的是感应电，验电笔就不亮或微亮，据此可判断出所测的电源是否为感应电。

2）判别交流电源同相或异相。两只手各持一支验电笔，站在绝缘物体上，把两支验电笔同时触及待测的两条导线，如果两支验电笔的氖管均不太亮，则表明两条导线是同相电，若两支验电笔的氖管发出很亮的光，说明两条导线是异相电。

3）区别交流电与直流电。交流电通过验电笔时，氖管中两极会同时发亮；而直流电通过时，氖管只有一个极发亮。

4）判别直流电的正负极。把验电笔跨接在直流电的正、负极之间，氖管发亮的一头是负极，不亮的一头是正极。

5）判断物体是否产生静电。手持验电笔在某物体周围寻测，如氖管发亮，证明该物体上已带有静电。

6）判断相线碰壳。用验电笔触及电动机、变压器等电气设备外壳，若氖管发亮，说明该设备相线有碰壳现象。

7）判断电气接触是否良好。若氖管光源闪烁，表明为某线头松动、接触不良或电压不稳定。

1.1.2 高压验电笔

高压验电笔又称高压测电器、高压测电棒，是用来检查高压电气设备、架空线路和电力电缆等是否带电的工具。10kV 高压验电笔由金属钩、氖管、氖管窗、固定螺钉、护环和握柄等部分组成，如图 1-3 所示。

图 1-3　10kV 高压验电笔

高压验电笔在使用时，应特别注意手握部位不得超过护环，如图 1-4 所示。

使用高压验电笔验电时应注意以下事项：

1）使用之前，应先在确定有电处试测，只有证明验

图 1-4 高压验电笔握法

电笔确实良好，才可使用，并注意验电笔的额定电压与被检验电气设备的电压等级要相适应。

2）使用时，应使验电笔逐渐靠近被测带电体，直至氖管发光。只有在氖管不亮时，它才可与被测物体直接接触。

3）室外使用高压验电笔时，必须在气候条件良好的情况下才能使用；在雨、雪、雾天和湿度较高时，禁止使用。

4）测试时，必须戴上符合耐压要求的绝缘手套，不可一个人单独测试，身旁应有人监护。测试时要防止发生相间或对地短路事故。人体与带电体应保持足够距离，10kV 高压的安全距离应在 0.7m 以上。

5）对验电笔每半年进行一次发光和耐压试验，凡试验不合格者不能继续使用，试验合格者应贴合格标记。

1.1.3 螺丝刀

螺丝刀又称旋凿、改锥、起子等，是一种手用工具，主要用来旋动（紧固或拆卸）头部带一字槽或十字槽的螺钉、木螺钉，其头部形状分一字槽形和十字槽形，柄部由木材或塑料制成。常用的螺丝刀如图 1-5 所示。

使用螺丝刀时应注意以下事项：

1）电工必须使用带绝缘手柄的螺丝刀。

图 1-5　螺丝刀

2）使用螺丝刀紧固或拆卸带电的螺钉时，手不得触及螺丝刀的金属杆，以免发生触电事故。

3）为了防止螺丝刀的金属杆触及皮肤或触及邻近带电体，应在金属杆上套装绝缘管。

4）使用时应注意选择与螺钉顶槽相同且大小规格相应的螺丝刀。

5）切勿将螺丝刀当做錾子使用，以免损坏螺丝刀手柄或刀刃。

1.1.4 钢丝钳

钢丝钳又称电工钳、克丝钳，由钳头和钳柄两部分组成，钳头由钳口、齿口、刀口和铡口四部分组成。图 1-6 所示是钢丝钳的外形。钢丝钳有裸柄和绝缘柄两种，电工应选用带绝缘柄的钢丝钳，且耐压应为 500V 以上。

使用钢丝钳时应注意以下事项：

1）使用前，必须检查绝缘柄的绝缘是否良好，以免在带电作业时发生触电事故。

2）剪切带电导线时，不得用刀口同时剪切相线和零线，或同时剪切两根相线，以免发生短路事故。

图1-6　钢丝钳

3）用钢丝钳剪切绷紧的导线时，要做好防止断线弹伤人或设备的安全措施。

4）要保持钢丝钳清洁，带电操作时，手与钢丝钳的金属部分要保持2cm以上的距离。

5）带电作业时，钳子只适用于低压线路。

1.1.5　尖嘴钳

尖嘴钳的头部尖细，适用于在狭小的工作空间操作。尖嘴钳有裸柄和绝缘柄两种，绝缘柄的耐压为500V，电工应选用带绝缘柄的尖嘴钳。尖嘴钳外形如图1-7所示。

图1-7　尖嘴钳

尖嘴钳能夹持较小螺钉、垫圈、导线等元件，带有刀口的尖嘴钳能剪断细小金属丝。在装接控制电路时，尖嘴钳能将单股导线弯成需要的各种形状。

使用尖嘴钳时应注意以下事项：

1）不允许用尖嘴钳装卸螺母、夹持较粗的硬金属导线及其他硬物。

2）塑料手柄破损后严禁带电操作。

3）尖嘴钳头部是经过淬火处理的，不要在锡锅或高温条件下使用。

1.1.6　管子割刀

管子割刀是切割管子用的一种工具，如图 1-8 所示。

图 1-8　管子割刀

用管子割刀割断的管子切口比较整齐，割断速度也比较快。在使用时应注意以下事项：

1）切割管子时，管子应夹持牢固，割刀片和滚轮与管子成垂直，以防割刀片刀刃崩裂。

2）刀片沿圆周运动进行切割，每次进刀不要用力过猛，初割时进刀量可稍大些，以便割出较深的刀槽，以后每次进刀量应逐渐减少。边切割边调整刀片，使割痕逐渐加深，直至切断为止。

3）使用时，管子割刀各活动部分和被割管子表面均需加少量润滑油，以减少摩擦。

1.1.7　管子钳

管子钳又称管子扳手，是供安装和修理时夹持和旋动各种管子和管路附件用的一种手用工具。常用规格分有250mm、300mm和350mm等多种。其外形如图1-9所示。

图1-9　管子钳

使用管子钳时应注意以下事项：

1）根据安装或修理的管子，选用不同规格的管子钳。

2）用管子钳夹持并旋动管子时，施力方向应正确，以免损坏活扳唇。

3）不能用管子钳敲击物体，以免损坏。

1.2　常用量具

1.2.1　千分尺

千分尺可用来测量漆包线的外径。它的精确度很高，一般可精确到0.01mm。千分尺由砧座、测微螺杆、棘轮杆、刻度盘、微分筒、固定套筒等组成，如图1-10所示。

千分尺的使用方法：将被测的漆包线拉直后放在千分尺砧座和测微螺杆之间，然后调整测微螺杆，使之刚好

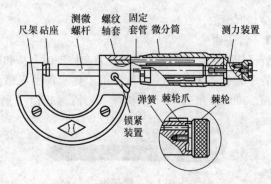

图 1-10　千分尺

夹住漆包线（见图 1-11），此时，就可以进行读数了。读数时，应先看千分尺上的整数读数，再看千分尺上的小数读数，两者相加即为铜漆包线的直径尺寸。千分尺整数刻度一般 1 小格为 1mm，旋转小数刻度一般每格为 0.01mm。

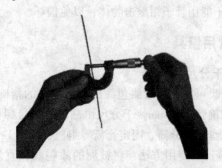

图 1-11　用千分尺测量漆包线直径操作示意

1.2.2 游标卡尺

游标卡尺是一种中等精度的量具,可以直接测量出工件的内外径尺寸,其外形结构如图1-12所示。

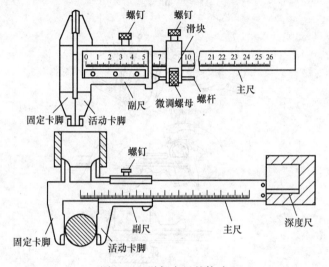

图1-12 游标卡尺的构造

使用时,应先校准零位。测量工件外径时的操作示意如图1-13a所示,测量工件内径时的操作示意如图1-13b所示。

读数分以下三步进行:

1) 读整数:在主尺上,与副尺零线相对的主尺上左边的第一条刻线是整数的毫米值。

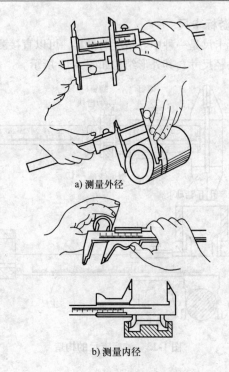

a) 测量外径

b) 测量内径

图 1-13　用游标卡尺测量工件

2）读小数：在副尺上找出哪一条刻线与主尺刻度对齐，从副尺上读出毫米的小数值。

3）将上述两数值相加，即为游标卡尺测量的尺寸。

图 1-14 为读数方法示例。

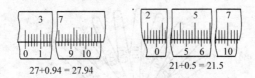

27+0.94 = 27.94　　　　21+0.5 = 21.5

图 1-14　1/50 游标卡尺刻度原理、读数方法示例

1.2.3　量角器

常用的量角器是角度规，用它来划角度线或测量角度。量角器的外形及操作示意如图 1-15 所示。

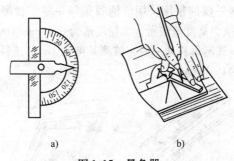

a)　　　　　　　　b)

图 1-15　量角器

1.2.4　塞尺

塞尺又称测微片或厚薄规，由许多不同厚度的薄钢片组成，如图 1-16 所示。塞尺长度有 50mm、100mm、200mm 等几种规格。塞尺是用来测量两个零件相配合表面间的间隙的，使用时把塞尺插入两零件间，正好插入该间隙的塞尺上面所标的尺寸就是间隙。

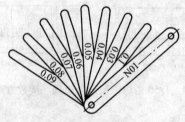

图1-16 塞尺

1.2.5 水平仪

水平仪分为条形水平仪和框式水平仪两种，如图1-17所示。水平仪的精度，用气泡每偏移一格，被测表面在1m内的倾斜高度差表示。如精度值为0.02mm/1m的水平仪，表示气泡每移动一格，被测长度为1m的工件两端的高低差为0.02mm。

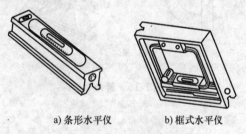

a) 条形水平仪   b) 框式水平仪

图1-17 水平仪

1.3 常用仪表

1.3.1 万用表

万用表又称万能表，是一种能测量多种电量的多功能仪表，其主要功能是测量电阻、直流电压、交流电压、直流电流以及晶体管的有关参数等。万用表具有用途广泛、操作简单、携带方便、价格低廉等优点，特别适用于检查电路和修理电气设备。

1. 指针式万用表的使用方法

图1-18所示为500型万用表的外形，以此为例来说明指针式万用表的使用方法。

（1）使用前的检查和调整

检查红色和黑色表笔是否分别插入红色插孔（或标有"+"号）和黑色插孔（或标有"-"号）并接触紧密，

图1-18 500型万用表的外形

引线、表笔、插头等处有无绝缘破损露铜现象。如有问题应立即解决，否则不能保证使用中的人身安全。观察万用表指针是否停在左边零位线上，如不指在零位线时，应调整中间的机械零位调节器，使指针指在零位线上。

（2）用转换开关正确选择测量种类和量程

根据被测对象，首先选择测量种类。严禁当转换开关置于电流挡或电阻挡去测量电压，否则将损坏万用表。测量种类选择妥当后，再选择该种类的量程。测量电压、电流时应使指针偏转在标度尺的中间附近，这样读数较为准确。若预先不知被测量的大小范围，为避免量程选得过小而损坏万用表，应选择该种类最大量程预测，然后再选择合适的量程。

（3）正确读数

万用表的标度盘上有多条标度尺，它们代表不同的测量种类。测量时应根据转换开关所选择的种类及量程，在对应的标度尺上读数，并应注意所选择的量程与标度尺上读数的倍率关系。另外，读数时，眼睛应垂直于表面观察表盘。如果视线不垂直，将会产生视差，使得读数出现误差。为了消除视差，MF47 等型号万用表在表面的标度盘上都装有反光镜，读数时，应移动视线使指针与反光镜中的指针镜像重合，这时的读数无视差。

（4）电阻的测量

1）被测电阻应处于不带电的情况下进行测量，以防止损坏万用表。被测电路不能有并联支路，以免影响准确度。

2）按估计的被测电阻值选择电阻量程开关的倍率，应使被测电阻接近该挡的欧姆中心值，即使指针偏转在标度尺的中间附近为好，并将交、直流电压量程开关置于"Ω"挡。

3）测量以前，先进行"调零"。如图 1-19 所示，将两表笔短接，此时指针会很快指向电阻的零位附近，若指针未停在电阻零位上，则应旋动表盘下面的"0Ω"调节钮，使其刚好停在零位上。若调到底也不能使指针停在电

阻零位上，则说明表内的电池电压不足，应更换为新电池
后再重新调节。测量中每次
更换挡位后，均应重新
校零。

4）测量非在路的电阻
时，将两表笔（不分正、
负）分别接被测电阻的两
端，万用表即指示出被测电
阻的阻值。测量电路板上的

图1-19 进行欧姆调零

在路电阻时，应将被测电阻的一端从电路板上焊开，然后
再进行测量，否则由于电路中其他元器件的影响，测得的
电阻误差将很大。测量高值电阻时，手不要接触表笔和被
测物的引线。

5）将读数乘以电阻量程开关所指倍率，即为被测电
阻的阻值。

6）测量完毕后，应将转换开关旋到交流电压最高量
程上，可防止转换开关放在电阻挡时表笔短路，长期消耗
电池。

（5）测量交流电压

1）将转换开关转到"$\underset{\sim}{V}$"挡的最高量程，或根据被
测电压的概略数值选择适当量程。

2）测量1000～2500V的高压时，应采用专测高压的
高级绝缘表笔和引线，将测量选择开关置于"1000$\underset{\sim}{V}$"
挡，并将正表笔改插入"2500V"专用插孔。测量时，不

要两只手同时拿两支表笔，必要时使用绝缘手套和绝缘垫；表笔插头与插孔应紧密配合，以防止测量中突然脱出后触及人体，使人触电。

3）测量交流电压时，把表笔并联于被测的电路上。转换量程时不要带电。

4）测量交流电压时，一般不需分清被测电压的相线和零线端的顺序，但已知相线和零线时，最好用红表笔接相线，黑表笔接零线，如图1-20所示。

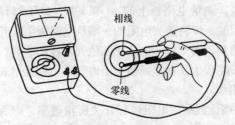

相线

零线

图1-20　用指针式万用表测量交流电压

（6）测量直流电压

1）将表笔插在"＋"插孔，去测电路"＋"（正）极；将黑表笔插在"－"插孔，去测电路"－"（负）极。

2）将万用表的量程开关置于"$\underline{V}$"的最大量程，或根据被测电压的大约数值，选择合适的量程。

3）如果指针反偏，则说明表笔所接极性反了，应尽快更正过来重测。

（7）测量直流电流

1）将转换开关转到"mA"挡的最高量程，或根据被测电流的大约数值，选择适当的量程。

2）将被测电路断开，留出两个测量接触点。将红表笔与电路正极相接，黑表笔与电路负极相接。改变量程，直到指针指向刻度盘的中间位置。不要带电转换量程，如图 1-21 所示。

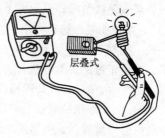

层叠式

图 1-21　用指针式万用表测量直流电流

3）测量完毕后，应将转换开关转到电压最大挡上。

2. 数字万用表的使用方法

数字万用表以其测量准确度高、显示直观、速度快、功能全、可靠性好、小巧轻便、省电及便于操作等优点，受到人们的普遍欢迎。图 1-22 所示为 DT9205 型数字万用表的外形。

1）当万用表出现显示不准或显示值跳变异常情况时，可先检查表内 9V 电池是否失效，若电池良好，则表内电路有故障，应检修。

2）直流电压的测量。将量程选

图 1-22　DT9205 型数字万用表

择开关有黑线的一端拨至"DC V"范围内的适当量程挡，黑表笔接入"COM"插孔，红表笔插入"V·Ω"插孔。将电源开关拨至"ON"位置，红表笔接触被测电压的正极，黑表笔接负极，显示屏上便显示测量值。如果显示是"1"，则说明量程选得太小，应将量程选择开关拨向较大一级电压挡；如果显示的是一个负数，则说明表笔插反了，应更正过来。量程选择开关置于×200m挡，显示值以"mV"为单位，其余四挡以"V"为单位。

3）交流电压的测量。将量程选择开关拨至"AC V"范围内适当量程挡，表笔接法同上，其测量方法与测量直流电压时相同。

4）直流电流的测量。将量程选择开关拨至"DC A"范围内适当的量程挡，黑表笔插入"COM"插孔，红表笔根据估计的被测电流的大小插入相应的"mA"或"10A"插孔，使仪表与被测电路串联，注意表笔的极性，接通表内电源，显示器便显示直流电流值。显示器显示的数值，其单位与量程开关拨至的相应挡的单位有关。若量程开关置于200m、20m、2m三挡时，则显示值以"mA"为单位；若置于200μ挡，则显示值以"μA"为单位；若置于10A挡，显示值以"A"为单位。

5）交流电流的测量。将量程选择开关拨到"AC A"范围内适当的量程挡，黑表笔插入"COM"插孔，红表笔也按量程不同插入"mA"或"10A"插孔，表与被测电路串联，表笔不分正负，显示器便显示交流电流值，如

图 1-23 所示。

6）电阻的测量。将量程选择开关拨到"Ω"范围内适当的量程挡，红表笔插入"V·Ω"插孔，黑表笔插入"COM"插孔，两表笔分别接触电阻两端，显示器便显示电阻值。量程开关置于 20M 或 2M 挡，显示值以"MΩ"为单位，200 挡显示值以"Ω"为单位。2k、20k、200k 挡显示值以"kΩ"为单

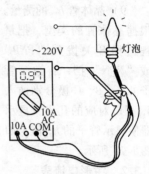

图 1-23　用数字万用表测量交流电流

位。需要指出的是不可带电测量电阻。

7）电路通、断的检查。将量程选择开关拨至蜂鸣器挡，红黑表笔分别插入"V·Ω"和"COM"插孔。若被测电路电阻低于"20Ω"，蜂鸣器发出鸣叫声，则说明电路接通。反之，表示电路不通或接触不良。注意，被测电路在测量之前应先切断电源。

8）二极管的测量。将量程开关拨至二极管符号挡，红表笔插入"V·Ω"插孔，黑表笔插入"COM"插孔，将表笔尖接至二极管两端。数字万用表显示的是二极管的压降。正常情况下，正向测量时，锗管应显示 0.150 ~ 0.300V，硅管应显示 0.550 ~ 0.700V，反向测量时为溢出"1"。若正反测量均显示"000"，说明二极管短路；正向

测量显示溢出"1",说明二极管开路。

9）晶体管 h_{FE} 的测量。根据晶体管的类型,把量程选择开关拨到"PNP"或"NPN"挡,将被测管子的 E、B、C 极分别插入 h_{FE} 插口对应的孔内,显示器便显示管子的 h_{FE} 值,如图 1-24 所示。

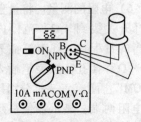

图 1-24　用数字万用表测量晶体管 h_{FE}

1.3.2　钳形电流表

钳形电流表是一种可以在不断开电路的情况下测量电流的专用工具。钳形电流表主要由一只电流互感器和一只电磁系电流表组成,如图 1-25 所示。电流互感器的一次绕组为被测导线,二次绕组与电流表相连接,电流互感器的电流比可以通过旋钮来调节,量程从 1A 至几千安。测量时,按动扳手,打开钳口,将被测载流导线置于钳口中。当被测导线中有交变电流通过时,在电流互感器的铁心中便有交变磁通通过,互感器的二次绕组中感应

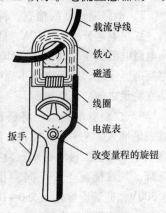

载流导线
铁心
磁通
线圈
电流表
改变量程的旋钮
扳手

图 1-25　钳形电流表

出电流。该电流通过电流表的线圈，使指针发生偏转，在表盘标度尺上指出被测电流值。

使用钳形电流表时的注意事项如下：

1）测量前，应检查仪表指针是否在零位。若不在零位，则应调到零位。同时应对被测电流进行粗略估计，选择适当的量程。如果被测电流无法估计，则应先把钳形电流表置于最大电流挡，逐渐下调切换，至指针在刻度的中间段为止。

2）应注意钳形电流表的电压等级，不得将低压钳形电流表用于测量高压电路的电流，以免发生事故。

3）进行测量时，被测导线应置于钳口中央，如图1-26所示。钳口两个面应接合良好，若发现有振动或碰撞声，应将仪表扳手转动几下，或重新开合一次。钳口有污垢，可用汽油擦净。

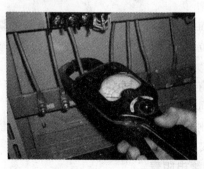

图1-26　用钳形电流表测量电流

4）测量大电流后，如果立即测量小电流，应开合钳口数次，以消除铁心中的剩磁。

5）在测量过程中不得切换量程，以免造成二次回路瞬间开路，感应出高电压而击穿绝缘。必须变换量程时，应先将钳口打开。

6）在读取电流读数困难的场所测量时，可先用制动器锁住指针，然后到读数方便的地点读值。

7）若被测导线为裸导线，则必须事先将邻近各相用绝缘板隔离，以免钳口张开时出现相间短路。

8）测量小于 5A 以下电流时，为获得准确的读数，可将导线多绕几圈放进钳口进行测量，但实际的电流数值为读数除以放进钳口内的导线根数。

9）测量时，如果附近有其他载流导线，所测值会受载流导体的影响产生误差。此时，应将钳口置于远离其他导体的一侧。

10）每次测量后，应把调节电流量程的切换开关置于最高挡位，以免下次使用时未选择量程进行测量而损坏仪表。

11）有电压测量挡的钳形表，电流和电压要分开测量，不得同时测量。

12）测量时，应戴绝缘手套，站在绝缘垫上。读数时要注意安全，切勿触及其他带电部分。

1.3.3　绝缘电阻表

绝缘电阻表俗称摇表、兆欧表，是一种专门用来测量电气设备及电路绝缘电阻的便携式仪表。它主要由手摇直流发电机、磁电系比率表和测量电路组成，其外形如图1-27所示。

值得一提的是绝缘电阻表测得的是在额定电压作用下的绝缘电阻值。万用表虽然也能测得数千欧的绝缘电阻值，

图1-27　绝缘电阻表的外形

但它所测得的绝缘电阻值，只能作为参考，因为万用表所使用的电池电压较低，绝缘物质在电压较低时不易击穿，而一般被测量的电气设备，均要接在较高的工作电压上，为此，只能采用绝缘电阻表来测量。一般还规定在测量额定电压在500V以上的电气设备的绝缘电阻时，必须选用1000~2500V绝缘电阻表。测量500V以下电压的电气设备，则以选用500V绝缘电阻表为宜。

1. 指针式绝缘电阻表的使用方法及注意事项

1）测量前，应切断被测设备的电源，并进行充分放电（约需2~3min），以确保人身和设备安全。

2）将绝缘电阻表放置平稳，并远离带电导体和磁场，以免影响测量的准确度。

3）正确选择其电压和测量范围。应根据被测电气设备的额定电压选用绝缘电阻表的电压等级：一般测量50V以下的用电器绝缘电阻，可选用250V绝缘电阻表；测量

50～380V 的用电设备绝缘电阻，可选用 500V 绝缘电阻表。对于测量 500V 以下的电气设备绝缘电阻，绝缘电阻表应选用读数从零开始的，否则不易测量。

4）对有可能感应出高电压的设备，应采取必要的措施。

5）对绝缘电阻表进行一次开路和短路试验，以检查绝缘电阻表是否良好。试验时，先将绝缘电阻表"线路（L）"、"接地（E）"两端钮开路，摇动手柄，指针应指在"∞"位置；再将两端钮短接，缓慢摇动手柄，指针应指在"0"处。否则表明绝缘电阻表有故障，应进行检修。

6）绝缘电阻表接线柱与被测设备之间的连接导线，不可使用双股绝缘线、平行线或绞线，而应选用绝缘良好的单股铜线，并且两条测量导线要分开连接，以免因绞线绝缘不良而引起测量误差。

7）绝缘电阻表上有分别标有"接地（E）"、"线路（L）"和"保护环（G）"的三个端钮。测量电路对地的绝缘电阻时，将被测电路接于 L 端钮上，E 端与 E 端钮相接，如图 1-28a 所示。测量电动机定子绕组与机壳间的绝缘电阻时，将定子绕组接在 L 端钮上，机壳与 E 端钮连接，如图 1-28b 所示。测量电动机或电器的相间绝缘电阻时，L 端钮和 E 端钮分别与两部分接线端子相接，如图 1-28c所示。测量电缆芯线对电缆绝缘保护层的绝缘电阻时，将 L 端钮与电缆芯线连接，E 端钮与电缆绝缘保护层外表面连接，将电缆内层绝缘层表面接于 G 端钮上，如图 1-28d 所示。

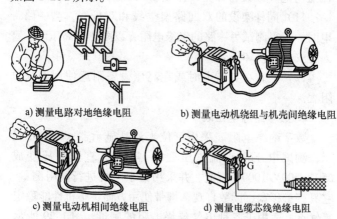

a) 测量电路对地绝缘电阻   b) 测量电动机绕组与机壳间绝缘电阻

c) 测量电动机相间绝缘电阻   d) 测量电缆芯线绝缘电阻

图 1-28　绝缘电阻表测量绝缘电阻的接线

8) 测量时，摇动手柄的速度由慢逐渐加快，并保持在 120r/min 左右的转速 1min 左右，这时读数才是准确的结果。如果被测设备短路，指针指零，应立即停止摇动手柄，以防表内线圈发热损坏。

9) 测量电容器、较长的电缆等设备绝缘电阻后，应将"线路（L）"的连接线断开，以免被测设备向绝缘电阻表倒充电而损坏仪表。

10) 测量完毕后，在手柄未完全停止转动和被测对象没有放电之前，切不可用手触及被测对象的测量部分和进行拆线，以免触电。被测设备放电的方法是：用导线将测点与地（或设备外壳）短接 2~3min。

11）同杆架设的双回路架空线和双母线，当一路带电时，不得测试另一路的绝缘电阻，以防感应高压电危害人身安全和损坏仪表。

12）禁止在有雷电时或在高压设备附近使用绝缘电阻表。

2. 数字绝缘电阻表

数字绝缘电阻表采用三位半液晶显示器（LCD）显示，测试电压由直流电压变换器将 9V 直流电压变成 250V/500V/1000V 直流，并采用数字电桥进行高阻测量。它具有量程宽、读数直观、携带使用方便、整机性能稳定等优点，适用于各种电气绝缘电阻的测量。图 1-29 所示为数字绝缘电阻表的面板图。

（1）数字绝缘电阻表的使用方法

1）接通电源开关，显示器高位显示"1"。

2）根据测量需要选择相应的量程（0.01~20.00MΩ/0.1~200.0MΩ/0~2000MΩ），并按下。

3）根据测量需要选择相应的测试电压（250V/500V/1000V），并按下。

4）将被测对象的电极接入绝缘电阻表相应的插孔，测试电缆时，插孔 G 接保护环。

5）将输入线"L"接至被测对象线路端，要求"L"引线尽量悬空，"E1"或"E2"接至被测对象地端。

6）压下测试按键"PUSH"（此时高压指示 LED 点

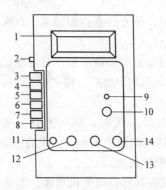

图1-29　数字绝缘电阻表的面板图

1—LCD　2—电源开关（自锁式电源开关）

3、4、5—量程选择开关（0.01~20.00MΩ/0.1~200.0MΩ/0~2000MΩ）

6、7、8—电压选择开关（250V/500V/1000V）

9—高压指示（LED显示）　10—自复式测度按键（PUSH）

11—G屏蔽端，测电缆时按保护环电极

12—L线路端，接被测对象线路端

13、14—E1/E2接地端，接被测对象的地端

亮）进行测试，当显示值稳定后即可读数，读数完毕后松开"PUSH"按键。

7）如显示器最高位仅显示"1"，表示超量程，需要换至高量程挡，当量程按键已处在0~2000MΩ挡时，则表示绝缘电阻已超过2000MΩ。

（2）使用数字绝缘电阻表时的注意事项

1）测试前应检查被测对象是否完全脱离电网供电，并应短路放电，以证明被测对象不存在电力危险才进行操作，以保障测试操作安全。

2）测试时，不允许手持测试端，以保证读数准确和人身安全。

3）测试时如显示读数不稳，有可能是环境干扰或绝缘材料不稳定的影响，此时应将"G"端接到被测对象屏蔽端，可使读数稳定。

4）电池电量不足时，LCD 上有欠电压符号"LO-BAT"显示，请及时更换电池，长期存放时应取出电池，以免电池漏液损坏仪表。

5）由于仪表具有自动关机功能，如在测试过程中遇到仪表自动关机时，则需断开电源开关，重新接通开关，即可恢复测试。

6）空载时，如有数字显示，属正常现象，不会影响测试。

7）为保证测试安全和减少干扰，测试线采用硅橡胶绝缘，请勿随意更换。

8）仪表请勿置于高温、潮湿处存放，以延长使用寿命。

电工基本操作技能

2.1 导线绝缘层的剖削

2.1.1 塑料绝缘单芯线绝缘层的剖削

芯线截面积为 4mm² 及以下的塑料绝缘单芯线，其绝缘层用钢丝钳剖削，具体操作方法：根据所需线头长度，用钳头刀口轻切绝缘层（不可切伤芯线），然后用右手握住钳头用力向外勒去绝缘层，同时左手握紧导线反向用力配合动作，如图 2-1 所示。

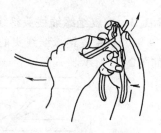

图 2-1 用钢丝钳剖削塑料绝缘单芯线绝缘层

芯线截面积大于 4mm² 的塑料绝缘单芯线，可用电工刀来剖削其绝缘层。方法如下：

1）根据所需的长度用电工刀以 45°角斜切入塑料绝缘层，如图 2-2a 所示。

2）接着刀面与芯线保持 15°角左右，用力向线端推削，不可切入芯线，削去上面一层塑料绝缘层，如

图 2-2b 所示。

3）将下面的塑料绝缘层向后扳翻，最后用电工刀齐根切去，如图 2-2c 所示。

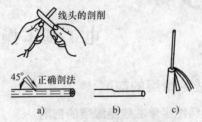

图 2-2 电工刀剖削塑料绝缘单芯线绝缘层

2.1.2 橡皮绝缘线线头绝缘层的剖削

1）在橡皮绝缘线线头的最外层用电工刀割破一圈，如图 2-3a 所示。

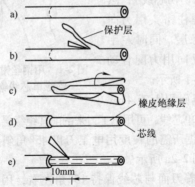

图 2-3 橡皮绝缘电线线头绝缘层的剖削

2）削去一条保护层，如图 2-3b 所示。

3）将剩下的保护层剥割去，如图 2-3c 所示。

4）露出橡皮绝缘层，如图 2-3d 所示。

5）在距离保护层约 10mm 处，用电工刀以 45°角斜切入橡皮绝缘层，并按塑料硬线的剖削方法剥去橡皮绝缘层，如图 2-3e 所示。

2.1.3　橡皮绝缘软线线头绝缘层的剖削

1）橡皮绝缘软线最外层棉纱织物保护层的剖削方法和里面橡皮绝缘层的剖削方法类似橡皮绝缘线线端的剖削。由于橡皮绝缘软线最外层的棉纱织物较软，可用电工刀将四周切割一圈后用力将棉纱织物拉去，如图 2-4a、b 所示。

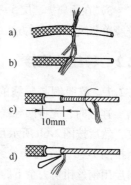

图 2-4　橡皮绝缘软线线头绝缘层的剖削

2）在距棉纱织物保护层末端 10mm 处，用钢丝钳刀口切割橡皮绝缘层，不能损伤芯线，然后右手握住钳头，左手把橡皮绝缘软线用力抽拉，通过钳口勒出橡皮绝缘层。橡皮绝缘软线的橡皮层剥去后就露出了里面的棉纱层。

3）用手将包裹芯线的棉纱松散开，如图 2-4c 所示。

4）用电工刀割断棉纱，即露出芯线，如图 2-4d 所示。

2.1.4 塑料护套线线头绝缘层的剖削

1) 按所需长度用电工刀刀尖对准芯线缝隙划开护套层，如图 2-5a 所示。

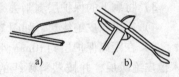

2) 向后扳翻护套层，用电工刀齐根切去，如图 2-5b 所示。

图 2-5 护套线线头绝缘层的剖削

3) 在距离护套层 5～10mm 处，用电工刀按照剖削塑料绝缘单芯线绝缘层的方法，分别将每根芯线的绝缘层剥除。

2.2 导线的连接

2.2.1 单股铜芯导线的直线连接

连接时，先将两导线芯线线头按图 2-6a 所示成×形相交，然后按图 2-6b 所示互相绞合 2～3 圈后扳直两线头，接着按图 2-6c 所示将每个线头在另一芯线上紧贴并绕 6 圈，最后用钢丝钳切去余下的芯线，并钳平芯线末端。

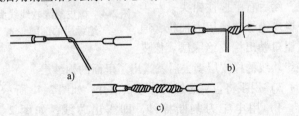

图 2-6 单股铜芯导线的直线连接

2.2.2 单股铜芯导线的 T 形分支连接

将支路芯线的线头与干线芯线十字相交，在支路芯线根部留出 5mm，然后顺时针方向缠绕支路芯线，缠绕 6 ~ 8 圈后，用钢丝钳切去余下的芯线，并钳平芯线末端。如果连接导线截面积较大，两芯线十字交叉后直接在干线上紧密缠 5 ~ 6 圈即可，如图 2-7a 所示。较小截面积的芯线可按图 2-7b 所示方法，环绕成结状，然后再将支路芯线线头抽紧扳直，向左紧密地缠绕 6 ~ 8 圈，剪去多余芯线，钳平切口毛刺。

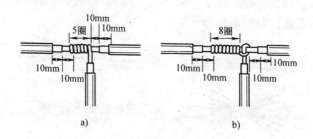

图 2-7 单股铜芯导线的 T 形分支连接

2.2.3 7 股铜芯导线的直线连接

先将剖去绝缘层的芯线头散开并拉直，如图 2-8a 所示；把靠近绝缘层 1/3 线段的芯线绞紧，并将余下的 2/3 芯线头分散成伞状，将每根芯线拉直，如图 2-8b 所示；把两股伞骨形芯线一根隔一根地交叉直至伞形根部相接，如图 2-8c 所示；然后捏平交叉插入的芯线，如图 2-8d 所示；把左边的 7 股芯线按 2、2、3 根分成三组，把第一组 2 根芯线扳起，垂直于芯线，并按顺时针方向缠绕 2 圈，缠绕 2 圈后将余下的芯线向右扳直紧贴芯线，如图 2-8e 所示；把下边第二组的 2 根芯线向上扳直，也按顺时针方向紧紧压着前 2 根扳直的芯线缠绕，缠绕 2 圈后，也将余下的芯线向右扳直，紧贴芯线，如图 2-8f 所示；再把下边第三组的 3 根芯线向上扳直，按顺时针方向紧紧压着前 4 根扳直的芯线向右缠绕。缠绕 3 圈后，切去多余的芯线，钳平线端，如图 2-8g 所示；用同样方法再缠绕另一边芯线，如图 2-8h 所示。

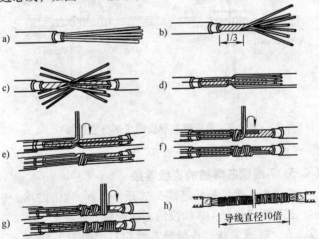

图 2-8　7 股铜芯导线的直线连接

2.2.4 7 股铜芯导线的 T 形分支连接

将分支芯线散开并拉直，如图 2-9a 所示；把紧靠绝缘层 1/8 线段的芯线绞紧，把剩余 7/8 的芯线分成两组，一组 4 根，另一组 3 根，排齐，如图 2-9b 所示；用螺丝刀把干线的芯线撬开分为两组，如图 2-9c 所示；把支线中 4 根芯线的一组插入干线芯线中间，而把 3 根芯线的一组放在干线芯线的前面，如图 2-9d 所示；把 3 根芯线的一组在干线右边按顺时针方向紧紧缠绕 3～4 圈，并钳平线端；把 4 根芯线的一组在干线芯线的左边按逆时针方向缠绕 4～5 圈，如图 2-9e 所示；最后钳平线端，连接好的导线如图 2-9f 所示。

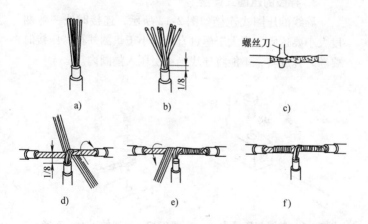

图 2-9 7 股铜芯导线的 T 形分支连接

2.2.5　线头与接线桩的连接

1. 导线与瓦板形接线桩的连接

导线与瓦板形接线桩的连接如
图 2-10 所示，连接前应清除线头及
接线桩接线处的氧化层及灰尘等
杂质。

2. 导线与瓷接头的连接

导线与瓷接头的连接如图 2-11
所示，连接时应将导线头插到瓷接
头接线孔底部，应拧紧螺钉，以防
脱落。

图 2-10　导线与瓦板
形接线桩的连接

3. 导线的压圈式连接

导线的压圈式连接如图 2-12 所示，连接时线头弯曲
度大小要适宜，应大于螺钉直径，小于垫圈外径，压接时
要顺时针旋转，不能将导线绝缘层压入垫圈内。

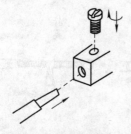

图 2-11　导线与瓷接头
　　　的连接

图 2-12　导线的压圈式连接

2.2.6 导线绝缘层的恢复

导线绝缘层被破坏或导线连接以后，必须恢复其绝缘性能。在380V线路上恢复导线绝缘时，必须先包扎1～2层黄蜡带，然后再包1层黑胶布。在220V线路上恢复导线绝缘时，可以包2层黑胶布，如图2-13所示。

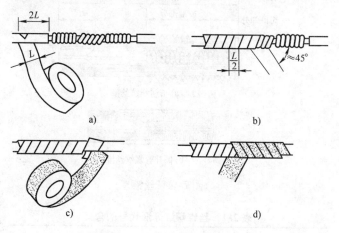

图2-13 绝缘层恢复方法

2.3 手工攻螺纹

2.3.1 攻螺纹工具

1. 丝锥

丝锥是加工内螺纹的工具，用高碳钢或合金钢制成，并经淬火处理。常用的丝锥有普通螺纹丝锥和圆柱管螺纹丝锥两种，如图 2-14 所示。丝锥的螺纹牙形代号分别用 M 和 G 表示，见表 2-1。M6 ~ M14 的普通螺纹丝锥两只一套，小于 M6、大于 M14 的普通螺纹丝锥三只一套，圆柱管螺纹丝锥两只一套。

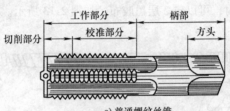

a) 普通螺纹丝锥

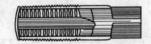

b) 圆柱管螺纹丝锥

图 2-14 丝锥

表 2-1 丝锥螺纹牙形代号的含义

螺纹牙形代号	含 义
M10	粗牙普通螺纹，公称外径为 10mm
M14 × 1	细牙普通螺纹，公称外径为 14mm，牙距为 1mm
G3/4″	圆柱管螺纹，配用的管子内径为 3/4in[①]

① 1in = 0.0254m。

丝锥在选用时可参考以下事项：

1）选用的内容通常有外径、牙形、精度和旋转方向等。应根据所配用的螺栓大小选用丝锥的公称规格。

2）选用圆柱管螺纹丝锥时应注意，镀锌钢管的标称直径是指管的内径，而电线管的标称直径则是指管的外径。

3）丝锥精度分为 3 和 3b 两级，一般选用 3 级的一种，3b 级适用于攻螺纹后还需镀锌或镀铜的工件。

4）旋转方向分左旋和右旋，即俗称倒牙和顺牙，通常只用右旋的一种。

2. 铰杠

铰杠是传递扭矩和夹持丝锥的工具，常用的铰杠如图 2-15 所示。为了较好地控制攻螺纹的扭矩，应根据丝锥尺寸来选择铰杠长度。对于小于和等于 M6 的丝锥，可选用长度为 150～200mm 的铰杠；对于 M8～M10 的丝锥，可选用 200～250mm 的铰杠；对于 M12～M14 的丝锥，可选用 250～300mm 的铰杠；对于大于和等于 M16 的丝锥，可选用 400～450mm 的铰杠。

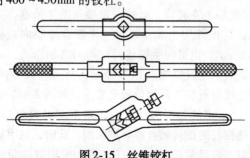

图 2-15 丝锥铰杠

2.3.2 攻螺纹的操作方法

1）划线，钻底孔。攻螺纹前，先在工件上划线确定攻螺纹位置并钻出适宜的底孔，底孔直径应比螺纹大径略小，可根据工件材料用下列公式计算确定底孔直径，并选用钻头。

钢和塑性较大的材料 $D = d - t$

铸铁等脆性材料 $D = d - 1.05t$

式中 D——底孔直径（mm）；

      d——螺纹大径（mm）；

      t——螺纹距（mm）。

底孔的两面孔口用90°锪钻倒角，使倒角的最大直径和螺纹的公称直径相等，使丝锥既容易起削，又可防止孔口螺纹崩裂。

2）攻螺纹前工件夹持位置要正确，应尽可能把底孔中心线置于水平或垂直位置，以便于攻螺纹时掌握丝锥是否垂直工件平面。

3）先用头锥起攻，丝锥一定要与工件垂直，一手用掌按住铰杠中部用力加压，另一手配合作顺向旋转，如图 2-16a 所示。也可两手握住铰杠均匀施加压力，并将丝锥顺向旋转。当丝锥攻入 1～2 圈后，从间隔90°的两个方向用直角尺检查校正丝锥位置至要求，如图 2-16b 所示。

4）当丝锥的起削刃切进后，两手不必再施加压力，丝锥可随铰杠的旋转做自然旋进切削。此时，两手旋转用力要均匀，要经常倒转 1/4～1/2 圈，使切屑碎断后容易

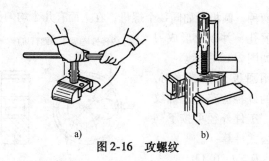

a)   b)

图2-16　攻螺纹

排除，避免因切屑阻塞而使丝锥卡住，如图2-17所示。

　　5）攻螺纹时必须按头锥、二锥、三锥顺序攻削至标准尺寸。换用丝锥时，先用手将丝锥旋入已攻出的螺孔中，待手转不动时，再装上铰杠继续攻螺纹。

图2-17　丝锥做自然旋转

　　6）攻不通孔时，应在丝锥上做深度标记。攻螺纹时要经常退出丝锥，排除切屑。

　　7）攻螺纹时要根据材料性质的不同选用并加注切削液。通常，攻钢制工件时加机油，攻铸铁件时加煤油。

2.4　手工套螺纹

2.4.1　套螺纹的工具

1. 板牙

　　板牙是加工外螺纹的工具，常用的有圆板牙和圆柱管板牙两种。圆板牙如同一个螺母，在上面有几个均匀分布的排屑孔，并以此形成刀刃，如图 2-18 所示。

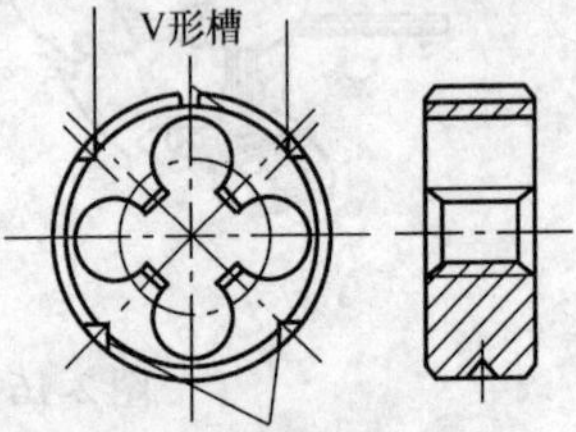

用圆板牙套螺纹时，工件的外径应略小于螺纹大径。工件外径可按下列经验公式计算：

$$D = d - 0.13t$$

式中　　D——工件外径（mm）；

　　　　d——螺纹大径（mm）；

　　　　t——螺距（mm）。

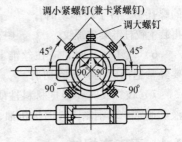

图 2-18　板牙

2. 板牙铰杠

板牙铰杠用于安装板牙，与板牙配合使用，如图 2-19 所示。板牙铰杠外圆上有五只螺钉，均匀分布的四只螺钉起紧固板牙作用，其中上方的两只螺钉兼有调节小板牙螺纹尺寸的作用；顶端那只螺钉起调节大板牙螺纹尺寸的作用，这只螺钉必须插入板牙的 V 形槽内。

图 2-19　板牙铰杠

2.4.2 套螺纹的操作方法

1）将工件的端部倒角。为了使板牙起套螺纹时容易切入工件，工件圆杆端部要倒成15°~20°的锥体，锥体的小端直径要略小于螺纹小径，以防套螺纹后螺纹端部产生锋口或卷边。

2）将工件用虎钳夹持牢靠，套螺纹部分要尽可能接近钳口。由于工件多为圆杆，一般要用V形夹块或厚铜衬作衬垫，以保证夹持可靠。

3）起套时，一手握住铰杠中部，沿圆杆轴向施加压力，另一手配合作顺向切进。推进时转动要慢，压力要大，必须保证板牙端面与圆杆轴线的垂直，不能歪斜。在板牙切入圆杆2~3牙时，应及时检查其垂直度并做准确校正。

4）当板牙旋入3~4圈后，不用再施加压力，让板牙自然旋进，以免损坏螺纹和板牙。操作中要经常倒转板牙排屑。

5）在钢件上套螺纹时要加切削液，以提高加工螺纹表面的光洁程度、延长板牙使用寿命。切削液一般为机油或较浓的乳化液。

2.5 安装木榫、胀管和膨胀螺栓

2.5.1 木榫的安装

1. 木榫孔的錾打

凡在砖墙、水泥墙和水泥楼板上安装线路和电气装置，都需用木榫支持，木榫必须牢固地嵌进木榫孔内，以保证安装质量。

在砖墙上可用小扁凿按图 2-20a 所示方法錾打木榫孔。在水泥墙上可用麻线凿按图 2-20b 所示方法錾打木榫孔。在錾打木榫孔时应注意以下事项。

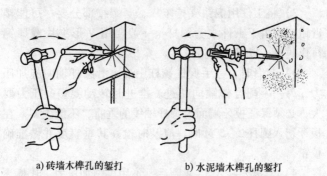

a) 砖墙木榫孔的錾打   b) 水泥墙木榫孔的錾打

图 2-20　木榫孔的錾打方法

1）砖墙上的木榫孔应錾打在砖与砖之间的夹缝中，且錾打成矩形，水泥墙或楼板上的木榫孔应錾打成圆形。

2）木榫孔径应略小于木榫 1～2mm，孔深应大于木榫长度约 5mm。

3）木榫孔应严格地錾打在标划的位置上，以保证支持点的挡距均匀和高低一致。

4）木榫孔应錾打得与墙面保持垂直，不可出现口大底小的喇叭状。

2. 木榫的削制

木榫通常采用干燥的细皮松木制成。木榫的形状应按照使用场所要求来削制。砖墙上的木榫用电工刀削成长为12mm、宽为10mm的矩形，如图2-21a所示。水泥墙上的木榫用电工刀削成边长为8～10mm的八角形，如图2-21b所示。在削制木榫时应注意以下事项。

1）削制木榫时，应顺着木材的纹路。

2）用电工刀削制木榫时要注意安全，不要伤手。

3）木榫的长度应比榫孔稍短些。木榫的长短还要与木螺钉配合，一般木螺钉旋进木榫的长度不宜超过木榫长度的一半。木榫的长度以25～38mm为宜。

4）木榫应削得一样粗细，不可削成锥形体。为便于把木榫塞入木榫孔，其头部应倒角。

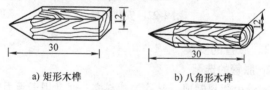

a) 矩形木榫　　　　　　　　b) 八角形木榫

图2-21　木榫的形状

3. 木榫的安装方法

安装木榫时，先把木榫头部塞入木榫孔，用锤子轻击几下，待木榫进入孔内1/3后，检查它是否与墙面垂直，如不垂直，应校正为垂直后再进行敲打，一直打到与墙面齐平为止。木榫在墙孔内的松紧度应合适，过紧容易打烂榫尾；过松达不到紧固目的，如图 2-22 所示。

在砖墙上装矩形木榫

在水泥墙上装八角形木榫

图 2-22　安装木榫

2.5.2　胀管的安装

1. 胀管的选配

　　胀管由塑料制成，又称为塑料榫。通常用于承力较大而又难以安装木榫的建筑面上，如空心楼板和现浇混凝土板、壁、梁及柱等处，胀管的结构如图 2-23 所示。

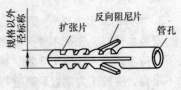

图 2-23　胀管

当胀管孔内拧入木螺钉后，两扩张片向孔壁张开，就紧紧地胀住在孔内，以此来支撑装在上边的电气装置或设备。如果胀管规格与榫孔大小不匹配（孔大管小），或木螺钉规格与胀管孔直径不匹配（孔大木螺钉小），则胀管在孔内就难以胀牢。胀管的规格有 $\phi6mm$、$\phi8mm$、$\phi10mm$ 和 $\phi12mm$ 等多种。孔径应略大于胀管规格，凡小于 $\phi10mm$ 胀管的孔径应比胀管大 0.5mm，如 $\phi8mm$ 胀管的孔径为 $\phi8.5mm$。凡等于或大于 $\phi10mm$ 的胀管，孔径比胀管大 1mm，如 $\phi12mm$ 胀管的孔径为 $\phi13mm$。$\phi6mm$ 的胀管可选用 $\phi3.5mm$ 或 $\phi4mm$ 的木螺钉，$\phi8mm$ 的胀管可选用 $\phi4mm$ 或 $\phi4.5mm$ 的木螺钉，$\phi10mm$ 的胀管可选用 $\phi5mm$ 或 $\phi5.5mm$ 的木螺钉，$\phi12mm$ 的胀管可选用 $\phi5.5mm$ 或 $\phi6mm$ 的木螺钉。

2. 胀管的安装方法

安装时，根据施工要求，先定位划线，然后用冲击电钻根据榫体的直径在现场就地打孔。打孔不宜用凿子凿孔，以免榫孔过大或不规则，影响安装质量。清除孔内灰渣后，将胀管塞入，要求管尾与建筑面保持齐平，必须经过塞入、试敲纠直和敲入三个步骤。安装质量要求是，管体应与建筑面保持垂直，管尾不应凹入建筑面（见图 2-24a），不应凸出建筑面（见图 2-24b），不应出现孔大管小（见图 2-24c），不应出现孔小管大（见图 2-24d）。最后把要安装设备上的固定孔与胀管孔对准，放好垫圈，旋入木螺钉。

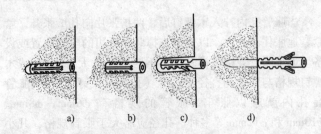

图 2-24　胀管不合格安装示例

2.5.3　膨胀螺栓的安装

1. 膨胀螺栓孔的凿打

采用膨胀螺栓施工，先用冲击电钻在现场就地打孔，孔径的大小和深度应与膨胀螺栓的规格相匹配。常用膨胀螺栓与孔的配合见表 2-2。

表 2-2　常用膨胀螺栓与钻孔尺寸的配合

螺栓规格	M6	M8	M10	M12	M16
钻孔直径/mm	10.5	12.5	14.5	19	23
钻孔深度/mm	40	50	60	70	100

2. 膨胀螺栓的安装方法

在砖墙或水泥墙上安装线路或电气装置时，通常用膨胀螺栓来固定。常用的膨胀螺栓有胀开外壳式和纤维填料式两种，外形如图 2-25 所示。采用膨胀螺栓，施工简单、方便，免去了土建施工中预埋件的工序。膨胀螺栓是靠螺栓旋入胀管，使胀管胀开，产生膨胀力，压紧建筑物孔壁，将其与安装设备固定在墙上。

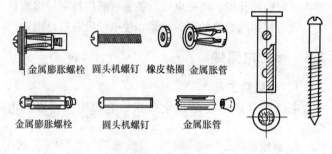

金属膨胀螺栓　圆头机螺钉　橡皮垫圈　金属胀管

金属膨胀螺栓　圆头机螺钉　金属胀管

a) 胀开外壳式　　　　　　b) 纤维填料式

图 2-25　膨胀螺栓

安装胀开外壳式膨胀螺栓时，先将压紧螺母放入外壳内，然后将外壳嵌进墙孔内，用锤子轻轻敲打，使它的外缘与墙面平齐，最后只要把电气设备通过螺栓或螺钉拧入压紧的螺母中，螺栓和螺母就会一面拧紧，一面胀开外壳的接触片，使它挤压在孔壁上，螺栓和电气设备就一起被固定，如图 2-26 所示。

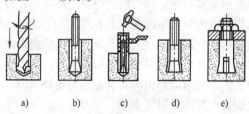

a)　　　b)　　　c)　　　d)　　　e)

图 2-26　膨胀螺栓的安装

安装纤维填料式膨胀螺栓时，只要将它的套筒嵌进钻好或打好的墙孔中，再把电气设备通过螺钉拧到纤维填料中，就可把膨胀螺栓的套筒胀紧，使电气设备得以固定。

2.6　手工电弧焊

2.6.1　电弧焊工具

电弧焊工具主要是指电焊机、电焊钳、面罩和电焊条。

1. 电焊机

电弧焊是通过电弧对焊接工件的局部加热，使连接处的金属熔化，再加入填充金属而结合的方法。电焊机是进行电弧焊的主要设备，为电弧提供电源，可分为交流电焊机和直流电焊机两类。应用比较普遍的是交流电焊机，如图 2-27 所示。

电焊机必须具有电弧的可靠引燃及稳定燃烧保弧的特点，一般要求交流电焊机的空载电压不低于 55V，直流电焊机的空载电压不低于 40V。在应用电焊机时，由于焊接不同厚度的金属材料，其焊接的电流大小应易调节，一般要求电焊机电流调节范围在电焊机额定电流的 0.25 ~ 1.2 倍。这是由于短路电流过大，会引起电焊机绕组过热，烧坏电焊机；而短路电流过小，则引弧困难，难以满足焊接的需要，因此要求电焊机应具有适当的短路电流。在使用交流电焊机时应注意以下事项：

1）移动电焊机时，一定要先切断电源，不允许带电

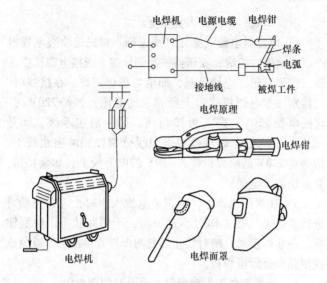

图 2-27 交流电焊机及电焊钳、电焊面罩

移动电焊机,并且在移动时切勿使电焊机受到剧烈振动和其他物体的冲击,以免外壳与带电体接触。

2) 在使用电焊机过程中,要经常对电焊机接线桩、连接处以及电缆进行检查,发现有烧坏处或者接触不良处,应及时修复好后再使用。

3) 电焊机应根据不同型号、不同功率选用合适的电源线、熔体、开关及电源线的容量,不可选得过小,特别是熔体选择一定要适当。电焊机外壳必须可靠接地,若多台电焊机同时使用时,所有电焊机的接地线应为并联接地，不得串联，以确保人身安全。

4）电焊机电源线必须接线正确，首先应检查电焊机一、二次侧的接线，变压器一次侧较细，应接电源；变压器二次侧较粗，应接负载，即电焊机焊把线。在接线时，应特别注意电焊机铭牌上所要求的电压，如是 220V 时，应接电源 220V，即一根接相线，另一根接零线。如是 380V 时，应把电焊机两根电源线分别接到两根相线上。切勿将 220V 的电焊机接入 380V 的电源线上，如果接错，会很快烧毁电焊机。

5）在焊接过程中，需调节电流大小时，应在空载时进行，电焊机在工作时不宜长期处于短路状态。特别注意，在非焊接时，绝对禁止焊把与焊件直接接触，以免造成短路而烧毁电焊机。

6）电焊机在工作完毕时，应及时切断电源。

2. 焊钳和面罩

焊钳是用来夹持焊条以便正常焊接的工具。面罩是用来遮滤电弧光和保护眼睛视力，保证操作者能正常进行操作的防护工具，有手持式和头戴式两种。

3. 电焊条

电焊条是电弧焊接的焊剂和材料，电工常用的电焊条是结构钢焊条。选用电焊条主要是选择焊条的直径。焊条直径主要取决于焊接工件的厚度。焊接工件的厚度越厚，选用焊条的直径就越大，但焊条的直径应不超过焊件的厚度。焊条直径的选择见表 2-3。

表 2-3　焊条直径的选择

焊件厚度/mm	≤1.5	2	3	4~5	6~12	≥12
焊条直径/mm	1.6	2	3.2	3.2~4	4~5	4~6

使用不同直径的焊条，在焊接时，应先调整电焊机的电流：$\phi 3.2mm$ 焊条的焊接电流在 100~130A 左右，$\phi 4.0mm$ 焊条的焊接电流在 180A 左右。

2.6.2　焊接头的形式

焊接头的形式主要有对接接头、T形接头、角接接头和搭接接头四种，如图 2-28 所示。实用中，选用何种焊接头，形式要根据具体的需要而定。

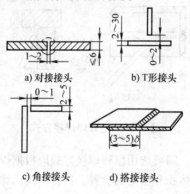

a) 对接接头　　　b) T形接头

c) 角接接头　　　d) 搭接接头

图 2-28　电弧焊焊接头形式

焊接时工件接头的对缝尺寸是由焊件的接头形式、焊件的厚度和坡口形式决定的。电工操作的焊接工件通常是角钢和扁钢，一般不开口。对缝尺寸在 0 ~ 2mm 以内。

2.6.3　焊接方式

　　焊接方式分为平焊、立焊、横焊和仰焊四种，如图 2-29 所示。

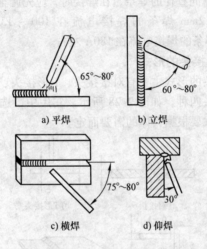

a) 平焊　　　　　　　　b) 立焊

c) 横焊　　　　　　　　d) 仰焊

图 2-29　电弧焊焊接方式

　　焊接中，需要选用何种焊接方式应根据焊接工件的结构、形状、体积和所处的位置，选择不同的焊接方式。

1. 平焊

　　平焊时，焊缝处于水平位置，操作技术容易掌握，采用焊条直径可以大一些，生产效率较高。焊接采用的运条方式为直线形，焊条角度如图 2-29a 所示。

焊件若要两面焊接时，焊接正面焊缝的运条速度应慢一些，以获得较大的深度和宽度。焊接反面焊缝时，则运条的速度要快一些，使焊缝宽度小一些。

2. 横焊和立焊

横焊和立焊有一定难度，熔化金属因自重下淌易产生未焊透和焊瘤等缺陷，所以要用较小直径的焊条和较短的电弧焊接，立焊时焊条的最大直径不超过 5mm，焊条角度如图 2-29b、c 所示。焊接电流要比平焊时约小 12% ~ 15%。

3. 仰焊

仰焊操作的难度更大，熔化金属因自重下淌而产生未焊透和焊瘤等缺陷的现象更加突出，焊接时要采用较小直径的焊条（最大直径不超过 4mm）、用最短的电弧进行焊接，如图 2-29d 所示。

2.6.4 操作步骤和方法

1. 第一步：定位

先将被焊工件用"马"板与铁楔等夹具暂时定位，如图 2-30 所示。

2. 第二步：引弧

电弧的引燃方法主要有划擦法和接触法两种：

1）划擦法。先将已接通电源的焊条前端对准焊缝，然后将手腕扭转一下，与划火柴动作相似，使焊条在焊缝表面上划擦一下（长度约为 20mm），使焊条前端落入焊缝范围，并将焊条提起 3 ~ 4mm，电弧即可引燃。接着应

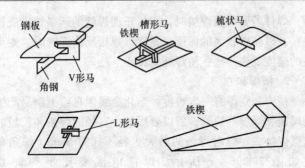

图 2-30   焊件临时定位的方法

立即控制使弧长度保持在与焊条直径相应的范围内，并运条焊接，如图 2-31a 所示。

2）接触法。接触法的动作如图 2-31b 所示，先将已接通电源的焊条前端对准焊缝，然后用腕力使焊条轻碰一下焊件表面，再迅速将焊条提起 3～4mm，即可引弧。其电弧长度的控制与划擦法相同。

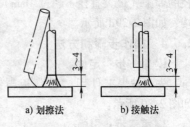

a) 划擦法   b) 接触法

图 2-31   电弧的引燃方法

引弧时，若发生焊条粘住焊件现象，应将焊条迅速左右摆动几次，就可以脱离焊件。如若不能，应立即使焊钳脱离焊条，待冷却后再将焊条扳下。

3. 第三步：运条焊接

电弧引燃后，将电弧稍微拉长，使焊件加热，然后缩短焊条与焊件之间的距离，电弧长度适当后，开始运条。运条时，焊条前端按三个方向移动：第一，随着焊条的熔蚀，其长度渐短，应逐渐向焊缝方向送进，送进速度应与焊条熔化速度相适应；第二，焊条横向摆动，以扩宽焊接面；第三，使焊条沿着焊缝，朝着未焊方向前进。在焊接过程中，这三个动作应有机配合，以保证焊接质量，如图2-32所示。

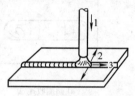

图2-32　焊条运动的方向

常用的运条方法有锯齿形、月牙形、三角形、圆圈形等运条方法，如图2-33所示。

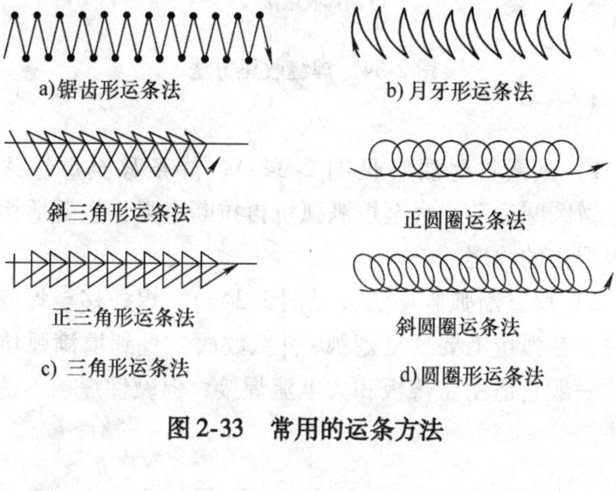

a)锯齿形运条法

b)月牙形运条法

斜三角形运条法

正圆圈运条法

正三角形运条法

斜圆圈运条法

c) 三角形运条法

d)圆圈形运条法

图2-33　常用的运条方法

4. 第四步：收尾

当焊缝焊完时，焊条前端要在焊缝终点做小的画圈运动，直到铁水填满弧坑后，提起焊条，终止焊接。常用的收尾动作有以下几种：

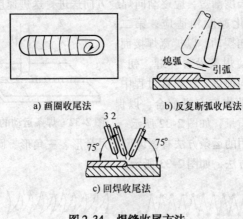

a) 画圈收尾法　　　　b) 反复断弧收尾法

c) 回焊收尾法

图 2-34　焊缝收尾方法

1）画圈收尾法（见图 2-34a）。焊条移至焊缝终点时，做圆圈运动，直至填满弧坑再拉断电弧，主要适用于厚板焊接的收尾。

2）反复断弧收尾法（见图 2-34b）。焊条移至焊缝终点时，在弧坑上要反复熄弧–引弧数次，直到填满弧坑为止。一般它适用于薄板和大电流焊接，但碱性焊条不适用此法。

3）回焊收尾法（见图2-34c）。焊条移至焊缝收尾处立即停止，但未熄弧，此时适当改变角度，焊条由位置1转到位置2，待填满弧坑再转到位置3，然后慢慢拉断电弧。它适用于碱性焊条。

电工常用室内配电线路与安全用电

3.1 配电线路

3.1.1 六层楼配电系统分配线路

以六层楼配电系统分配线路为例，线路如图 3-1 所示。选择进户线的截面积大小时，应使整栋楼房的总用电电流小于该导线的安全电流，并留有适当的裕度。

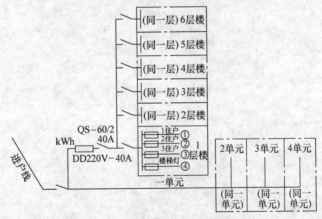

图 3-1 六层楼配电系统分配线路

　　进户总电流超过 30A 时，应选用三相五线制进户。除进户时三相四线制电源进入住宅楼房配电盘外，还要设置零线的重复接地，并单独引入一根接地线，住宅楼房室内的配电箱、导线钢管、插座接地孔应由专门进入的一根接地线来连接，这就是三相五线制供电。

3.1.2　一室一厅配电线路

　　一室一厅配电线路如图 3-2 所示。一室一厅配电系统中共有三个回路，即照明回路、空调回路、插座回路。QS 为隔离开关，QF1、QF2、QF3 为双极低压断路器，其中 QF2、QF3 具有漏电保护功能。PE 为保护接地线。

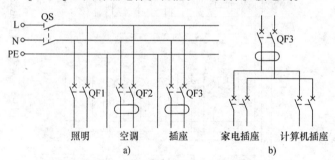

图3-2　一室一厅配电线路

3.1.3　两室一厅配电线路

　　两室一厅配电线路如图 3-3 所示。对于三室一厅的房间基本上布线方式与两室一厅相同，只是增加了一个卧室，可根据卧室的使用特点加装荧光灯、吸顶灯、插座等。

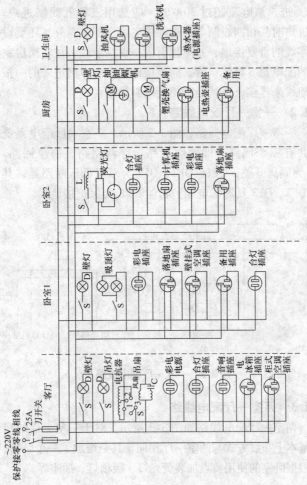

图3-3　两室一厅配电线路

3.1.4 四室两厅配电线路

四室两厅配电线路如图 3-4 所示。它设计有 11 个支路电源，六路空调回路通至各室，即使目前不安装，也须预留，为将来要安装时做好准备。空调为挂壁式，所以可不装漏电保护断路器。

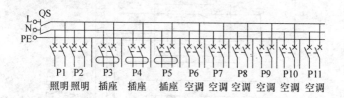

图 3-4 四室两厅配电线路

3.1.5 照明进户配电箱线路

照明进户配电箱线路如图 3-5 所示。电能表电流线圈 1 端接电源相线，2 端接用电器相线，3 接电源零线进入线，4 接用电器零线。总之，1、3 进线，2、4 出线后进入用户。

3.2 电能表的选择、使用与安装

电能表又叫千瓦小时表、电度表，是用来计量电气设备所消耗电能的仪表，具有累计功能。常用电能表的外形及相关说明见表 3-1。

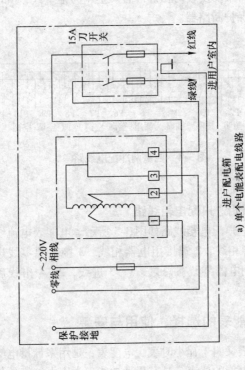

a) 单个电能表配电线路

图3-5　照明进户配电箱线路

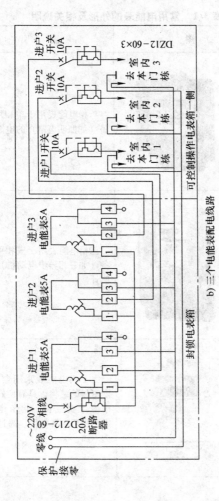

b) 三个电能表配电线路

图3-5　照明进户配电箱线路（续）

表 3-1　常用电能表的外形及相关说明

名　称	图　示	说　明
单相 电能表		单相电能表用于单相用电设备（如照明电路）的电能计量
三相 电能表		三相电能表用于三相用电设备（如三相异步电动机）的电能计量
单相电子 式电能表		电子式电能表采用全屏蔽、全密封的结构，具有良好的抗电磁干扰性能，集节电、可靠、轻巧、高精度、高过载等为一体

(续)

名　　称	图　　示	说　　明
多费率 电能表		多费率电能表除具有普通电能表的功能外，还设有高峰、峰、平、谷时段电能计量，以及连续时间或任意时段的最大需量指示功能。这种电能表可广泛用于电厂、变电所、厂矿企业，发、供电部门实行峰谷分时电价，限制高峰负载
预付费 电能表		预付费电能表又称IC卡电能表。它不仅具有电子式电能表的各种优点，而且电能计量采用先进的微电子技术进行数据采集、处理和保存，实现先付费后用电的管理功能
防窃电 电能表	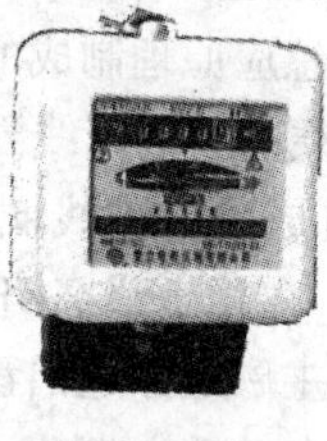	这种电能表采用大规模专用集成电路及可靠的电子元器件设计制造而成，具有防窃电和累加计量功能

3.2.1 电能表的型号

电能表的型号含义为

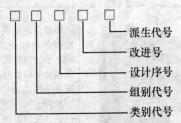

类别代号
组别代号
设计序号
改进号
派生代号

类别代号：交流电能表类别代号均为 D。

组别代号：A——安培小时计，B——标准，D——单相，F——伏特小时计，H——总耗，J——交流，L——打点记录，S——三相三线，T——三相四线，X——无功，Z——最大需要。

设计序号：以数字表示。

改进号：用汉语拼音表示。

派生代号：T——湿热和干热两用，TH——湿热带用，TA——干热带用，G——高原用，H——一般用。

3.2.2 电能表的结构和工作原理

交流电能表一般都是采用感应原理制成的。电能表的结构如图 3-6 所示，它由电流线圈、电压线圈及铁心、铝盘、转轴、轴承、数字盘等组成。电流线圈串联在电路中，电压线圈并联在电路中。在用电设备开始消耗电能时，电压线圈和电流线圈产生主磁通穿过铝盘，在铝盘上感应出涡流并产生转矩，使铝盘转动，带动计数器计算耗电的多少。用电量越大，所产生的转矩就越大，计量出用电量的数字就越大。

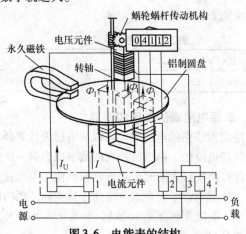

图 3-6 电能表的结构

3.2.3 单相电能表的选用

电能表的选用要根据负载来确定，也就是说所选电能表的容量或电流是根据计算电路中负载的大小来确定的，容量或电流选择大了，电能表不能正常转动，会因本身存在的误差影响计算结果的准确性；容量或电流选择小了，会有烧毁电能表的可能。一般应使所选用的电能表负载总瓦数为实际用电总瓦数的 1.25～4 倍。所以在选用电能表的容量或电流前，应先进行计算。例如，家庭使用照明灯 4 盏，约为 120W；使用电视机、电冰箱等电器，约为 680W；试选用电能表的电流容量。由此得：800W × 1.25 =

900W，800W × 4 = 3200W，因此选用电能表的负载瓦数在900 ~ 3200W 之间。查表 3-2 可知，选用电流容量为 10 ~ 15A 的电能表较为适宜。

表 3-2　单相电能表的规格

电能表安数/A	1	2.5	3	5	10	15	20
负载总瓦数/W	220	550	660	1100	2200	3300	4400

3.2.4　单相电能表的抄表和读数

直接接入线路的电能表，可以从电能表计数器上直接读出实际用电度数。第二次抄表的数字减去第一次抄表的数字，就是两次抄表期间的用电度数。使用电流互感器的电能表，抄得的数字需乘上电流比才是实际消耗的电能数值。例如，电流互感器是 50/5A，电流比为 10，两次抄表数字的差是 88，则实际用电量为

$$88\text{kWh} \times 50/5 = 88\text{kWh} \times 10 = 880\text{kWh}$$

当计数器从 9999.9 变成 0000.0 时，叫计数器翻转，抄表时要在最高位前加 1。例如，从 9999.7 走到 0003.6，实际用电度数为

$$10003.6\text{kWh} - 9999.7\text{kWh} = 3.9\text{kWh}$$

3.2.5　单相电能表的安装和接线

1）电能表应安装在干燥、稳固的地方，避免阳光直射，忌湿、热、霉、烟、尘、砂及腐蚀性气体。

2）电能表应安装在没有振动的位置，因为振动会使电能表计量不准。

3）电能表应垂直安装，不能歪斜，允许偏差不得超过 2°。因为电能表倾斜 5°，会引起 10% 的误差，倾斜太大，电能表铝盘甚至不转。

4）电能表的安装高度一般为 1.4 ~ 1.8m，电能表并列安装时，两表的中心距离不得小于 200mm。

5）在雷雨较多的地方使用的电能表，应在安装处采取避雷措施，避免因雷击而使电能表烧毁。

6）电能表应安装在涂有防潮漆的木制底盘或塑料底盘上，用木螺钉或机制螺钉固定。电能表的电源引入线和引出线可通过盘的背面穿入盘的正面后进行接线，也可以在盘面上走明线，用塑料线卡固定整齐。安装示意如图 3-7 所示。

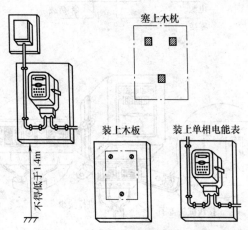

图 3-7　单相电能表的安装示意图

7) 在电压 220V、电流 10A 以下的单相交流电路中，电能表可以直接接在交流电路上，如图 3-8 所示。电能表必须按接线图接线（在电能表接线盒盖的背面有接线图）。常用单相电能表的接线盒内有四个接线端，自左向右按 1、2、3、4 编号。接线方法为 1、3 接电源，2、4 接负载。

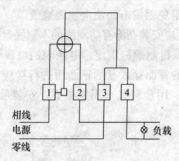

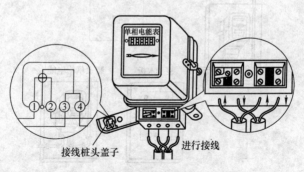

图 3-8　单相电能表的接线

8）如果负载电流超过电能表电流线圈的额定值，则应通过电流互感器接入电能表，使电流互感器的一次侧与负载串联，二次侧与电能表电流线圈串联，如图 3-9 所示。

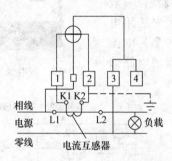

图 3-9　使用电流互感器的电能表的接线

3.3　漏电保护器的选择与安装

3.3.1　漏电保护器的选择

漏电保护器又叫漏电保安器、漏电开关，是一种行之有效的防止人身触电的保护装置，其外形如图 3-10 所示。漏电保护器的原理是利用人在触电时产生的触电电流，使漏电保护器感应出信号，经过电子放大电路或开关电路，推动脱扣机构，使电源开关动作，将电源切断，从而保证人身安全。漏电保护器对电气设备的漏电电流极为敏感。当人体接触了漏电的用电器时，产生的漏电电流只要达到

10～30mA，就能使漏电保护器在极短的时间（如0.1s）内跳闸，切断电源。

1. 型式的选用

电压型漏电保护器已基本上被淘汰，一般情况下，应优先选用电流型漏电保护器。电流型漏电保护器的电路如图3-11所示。

图3-10　漏电保护器的外形

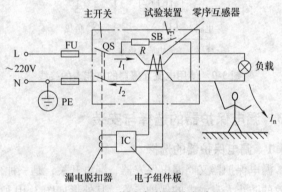

图3-11　漏电保护器的电路

2. 极数的选用

单相220V电源供电的电气设备，应选用二极式漏电保护器；三相三线制380V电源供电的电气设备，应选用三极式漏电保护器；三相四线制380V电源供电的电气设

备，或者单相设备与三相设备共用电路，应选用三极四线
式、四极四线式漏电保护器。

3. 额定电流的选用

漏电保护器的额定电流值不应小于实际负载电流。一
般家庭用漏电保护器可选额定工作电流为 16～32A。

4. 可靠性的选用

为了使漏电保护器真正起到漏电保护作用，其动作必
须正确可靠，即应具有合适的灵敏度和动作的快速性。

灵敏度（即漏电保护器的额定漏电动作电流），是指
人体触电后促使漏电保护器动作的流过人体的电流数值。
灵敏度低，流过人体的电流太大，起不到漏电保护作用；
灵敏度过高，又会造成漏电保护器因线路或电气设备在正
常微小的漏电下而误动作，使电源切断。家庭装于配电板
（箱）上的漏电保护器，其灵敏度宜在 15～30mA；装于
某一支路或仅针对某一设备或家用电器（如空调器、电
风扇等）用的漏电保护器，其灵敏度可选 5～10mA。

快速性是指通过漏电保护器的电流达到启动电流时，
能否迅速地动作。合格的漏电保护器动作时间不应大于
0.1s，否则对人身安全仍有威胁。

3.3.2 漏电保护器的安装

在安装漏电保护器时应注意以下几点：

1）安装前，应仔细阅读使用说明书。

2）安装漏电保护器以后，被保护设备的金属外壳仍
应进行可靠的保护接地。

3）漏电保护器的安装位置应远离电磁场和有腐蚀性气体的环境，并注意防潮、防尘、防振。

4）安装时必须严格区分中性线和保护线，三极四线式或四极式漏电保护器的中性线应接入漏电保护器。经过漏电保护器的中性线不得作为保护线，不得重复接地或接设备的外露可导电部分；保护线不得接入漏电保护器。

5）漏电保护器应垂直安装，倾斜度不得超过5°。电源进线必须接在漏电保护器的上方，即标有"电源"的一端；出线应接在下方，即标有"负载"的一端。

6）作为住宅漏电保护时，漏电保护器应装在进户电能表或总开关之后，如图3-12所示。

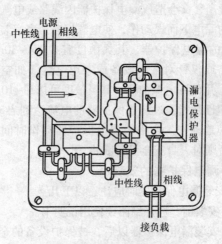

图3-12　漏电保护器的安装

7）漏电保护器接线完毕投入使用前，应先做漏电保护动作试验，即按动漏电保护器上的试验按钮，漏电保护器应能瞬时跳闸切断电源。试验3次，确定漏电保护器工作稳定，才能投入使用。

8）对投入运行的漏电保护器，必须每月进行一次漏电保护动作试验，不能产生正确保护动作的，应及时检修。

3.4　室内线路的安装

3.4.1　塑料护套线配线

塑料护套线是一种具有塑料保护层的双芯或多芯绝缘导线，它具有防潮、线路造价低和安装方便等优点，可以直接敷设在墙壁、空心板及其他建筑物表面，此种方式广泛用于室内电气照明线路及小容量生活、生产等配电线路的明线安装。

塑料护套线的配线方法见表3-3。

表3-3　塑料护套线的配线方法

步　骤	图　示	相关要求
定位、划线	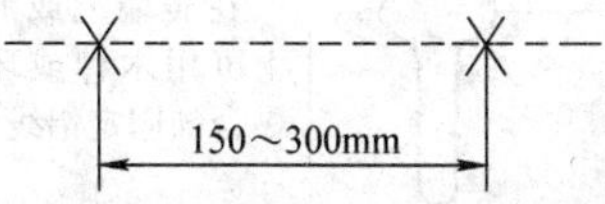 150～300mm	先确定线路的走向、各用电器的安装位置，然后用粉线袋划线，每隔150～300mm划出固定铝线卡的位置

（续）

步　骤	图　　示	相关要求
固定铝线卡	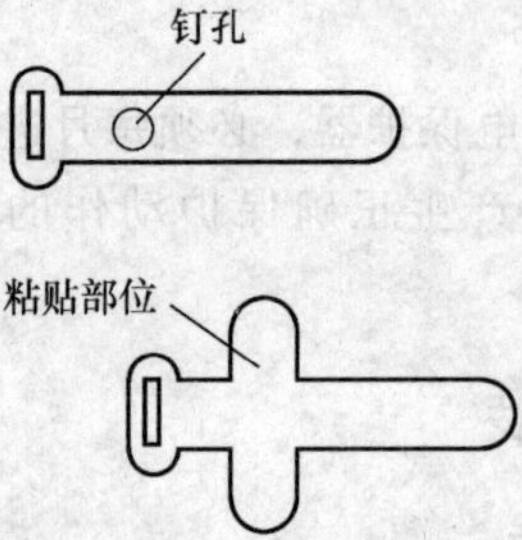 钉孔 粘贴部位	铝线卡的规格有 0、1、2、3 和 4 号等，号码越大，长度越长。按固定方式不同，铝线卡有用小铁钉固定和用黏合剂固定两种
	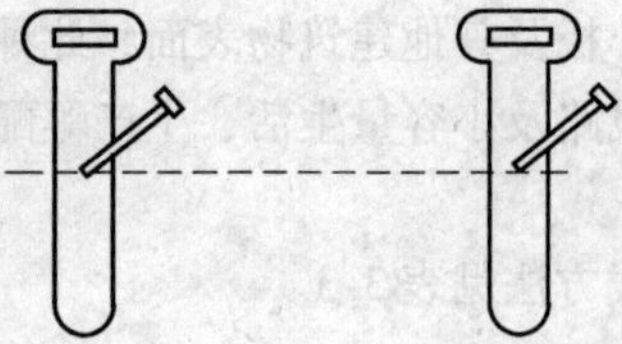	在木结构上可用小铁钉固定铝线卡；在抹灰的墙上，每隔 4～5 个铝线卡处，以及进入木台和转角处需用木榫固定铝线卡，其余的可用小铁钉直接将铝线卡钉在灰浆墙上
	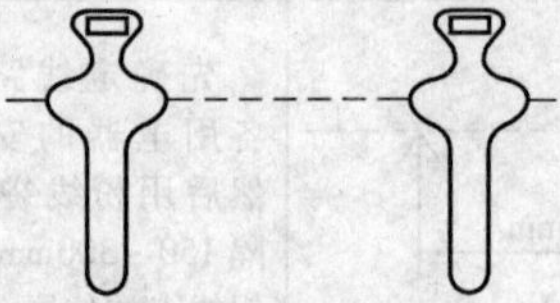	在砖墙上或混凝土墙上可用木榫或环氧树脂黏合剂固定铝线卡

（续）

步　骤	图　示	相关要求
敷设护套线		为了使护套线敷设得平直，可在直线部分的两端临时安装两副瓷夹，敷线时先把护套线一端固定在一副瓷夹内并旋紧瓷夹，接着在另一端收紧护套线并勒直，然后固定在另一副瓷夹中，使整段护套线挺直，最后将护套线依次夹入铝线卡中
	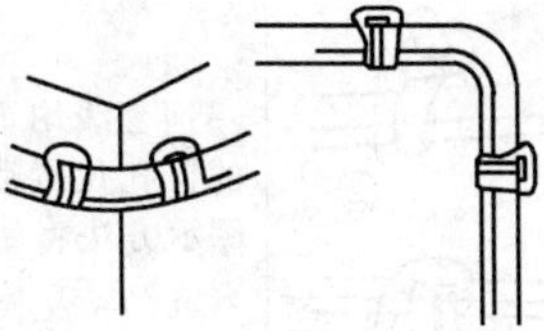	护套线转弯时，转弯圆度要大，其弯曲半径不应小于导线宽度的6倍，以免损伤导线，转弯前后应各用一个铝线卡夹住
	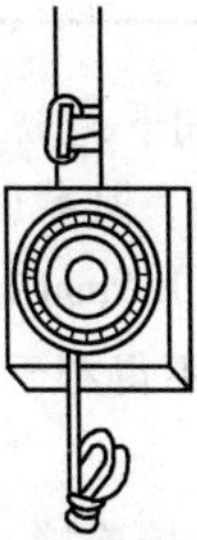	护套线进入木台前应安装一个铝线卡

（续）

步　骤	图　　　示	相关要求
敷设护套线	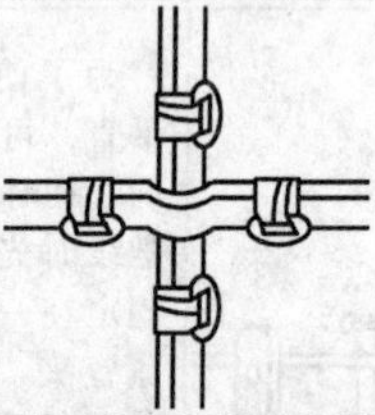	两根护套线相互交叉时，交叉处要用 4 个铝线卡夹住
	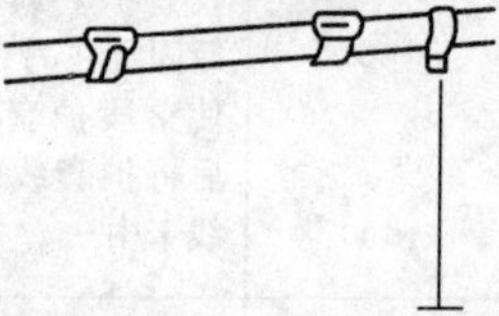	如果是铅包线，必须把整个线路的铅包层连成一体，并进行可靠的接地
夹持铝片线卡	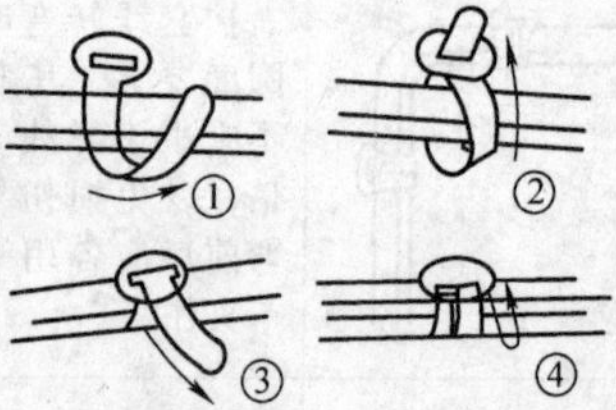	护套线均置于铝线卡的钉孔位置后，即可按图示方法将铝线卡收紧夹持护套线

护套线敷设时的注意事项如下：

1) 室内使用的塑料护套线，其截面积规定：铜芯不得小于 0.5mm^2，铝芯不得小于 1.5mm^2。室外使用的塑料护套线，其截面积规定：铜芯不得小于 1.0mm^2，铝芯不得小于 2.5mm^2。

2) 护套线不可在线路上直接连接，其接头可通过瓷接头、接线盒或木台来连接。塑料护套线进入灯座盒、插座盒、开关盒及接线盒连接时，应将护套层引入盒内。明装的电器则应引入电器内。

3）不准将塑料护套线或其他导线直接埋设在水泥或石灰粉刷层内，也不准将塑料护套线在室外露天场所敷设。

4）护套线安装在空心楼板的圆柱孔内时，导线的护套层不得损伤，并做到便于更换导线。

5）护套线与自来水管、排水管等不发热的管道及接地导线紧贴交叉时，应加强绝缘保护，在容易受机械损伤的部位应用钢管保护。

6）塑料护套线跨越建筑物的伸缩缝、沉降缝时，在跨越的一段导线两端应可靠地固定，并应做成弯曲状，以留有一定余量。

7）严禁将塑料护套线直接敷设在建筑物的顶棚内，以免发生火灾事故。

8）塑料护套线的弯曲半径不应小于其外径的3倍；弯曲处护套和线芯绝缘层应完整无损伤。

9）沿建筑物、构筑物表面明配的塑料护套线应符合以下要求：①应平直，不应松弛、扭绞和曲折。②应采用铝片卡或塑料线钉固定，固定点间距应均匀，其距离宜为150～200mm，若为塑料线钉，此距离可增至250～300mm。

3.4.2 线槽配线

线槽配线便于施工、安装便捷，多用于明装电源线、网络线等线路的敷设，常用的塑料线槽材料为聚氯乙烯，由槽底和槽盖组合而成。

塑料线槽的选用，可根据敷设线路的情况选用合适的线槽规格。线槽配线的方法见表3-4。

3.5　安全操作规程及安全用电常识

3.5.1　安全操作规程

为了保证财产和生命安全，对于电气作业，国家统一规定了有关的安全操作规程，电气作业人员必须严格遵守：

1）工作前应详细检查所用工具是否安全可靠，并穿戴好必需的防护用品，如胶鞋、绝缘衣等。

2）电气线路在未经验电笔确定无电前，应一律视为"有电"，不可用手触摸。

3）不准在设备运转时拆卸修理电气设备。必须做到以下条件，方可进行工作：停机；切断设备电源；取下熔断器；验明无电，并在开关把手上或线路上悬挂"有人工作、禁止合闸"的警告牌。

4）使用验电笔时禁止超范围使用，电工选用的低压验电笔只允许在500V以下电压使用。

5）熔断器、开关及插座等低压电器设备的额定值（如额定电压、额定电流等），必须符合设计标准及使用规定。

6）登高作业完毕后，必须及时拆除临时接地线，并检查是否有工具等遗留在电杆上。

表3-4　线槽配线的方法

步骤	图　示	相关要求
定位划线	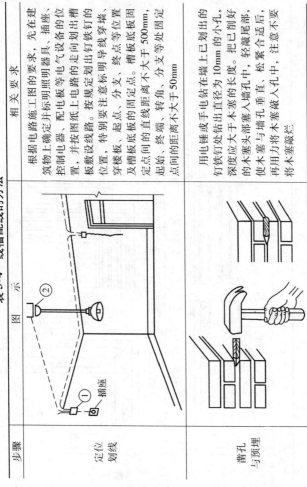	根据电路施工图的要求，先在建筑物上确定并标明照明器具、插座、控制电器、配电板等电气设备的位置，并按图纸上电路的走向划出槽板敷设线路。按规定划出钉铁钉的位置，特别要注意标明导线穿墙、穿楼板、起点、分支、终点等位置及槽板底板的固定点。槽板底板固定点的直线距离不大于500mm，起始、终端、转角、分支处固定点间的距离不大于50mm
凿孔与预埋		用电锤或手电钻在墙上已划出的钉铁钉处钻出直径为10mm的小孔，深度应大于木塞的长度。把已削好的木塞头部塞入墙孔中，轻敲尾部，使木塞与墙孔垂直，松紧合适后，再用力将木塞敲入孔中，注意不要将木塞敲烂

（续）

步骤	图示	相关要求
安装槽板 对接	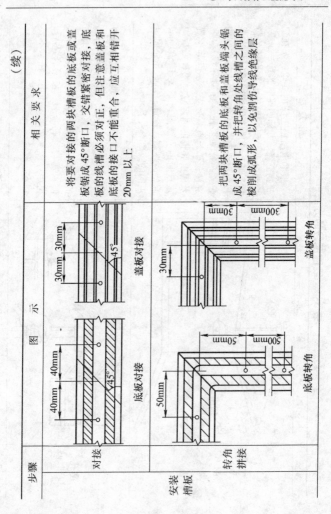 底板对接（40mm、40mm、45°）　盖板对接（30mm、30mm、45°）	将要对接的两块槽板的底板或盖板铣成45°断口，交错密对接，但注意盖板和底板的线槽必须对正，盖板和底板的接口不能重合，应互相错开20mm以上
转角拼接	底板转角（50mm、500mm）　盖板转角（30mm、300mm）	把两块槽板的底板和盖板转角板端头锯成45°断口，并把转角处线槽之间的棱削成弧形，以免割伤导线绝缘层

（续）

步骤	图 示	相关要求
安装槽板	T形拼接 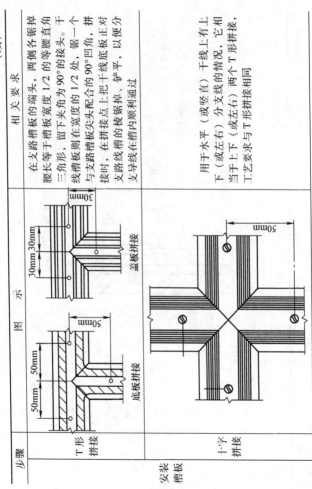 底板拼接　盖板拼接	在支路槽板的端头，两侧各锯掉腰长等于槽板宽度 1/2 的等腰直角三角形，留下夹角为 90°的接头。干线槽板则在宽度的 1/2 处，锯一个与支路槽板尖头配合的 90°回角，拼接一个与支路槽板尖头配合的 90°回角，拼接时，在拼接点上把干线底板正对接点，在拼接点上把干线底板正对支路线路的棱锯掉，锉平，以便分支导线槽内顺利通过
	十字拼接	用于水平（或竖直）干线上有上下（或左右）分支线的情况，它相当于上下（或左右）两个 T形拼接，工艺要求与 T形拼接相同

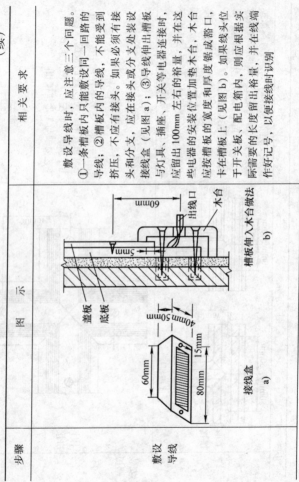

（续）

步骤	图 示	相 关 要 求
敷设导线	接线盒 a) 槽板伸入木台做法 b)	敷设导线时，应注意三个问题。①一条槽板内只能敷设同一回路的导线；②槽板内的导线，不能受到挤压，不应有接头。如果必须有接头或分支处装设接线盒（见图a）；③号线伸出槽板接线时，应留出100mm左右的余量，并在这些电器的安装位置加装木台，木台应按槽板的宽度和厚度制成豁口，卡在槽板上（见图b）。如果线头位于开关板、配电箱内，则应根据实际需要留出的长度留出余量，并在接线端作好记号，以便接线时识别

（续）

步骤	相关要求	图示

固定盖板

固定盖板与敷线应同时进行。边敷线边将盖板固定在底板上。固定时多用钉子将盖板钉在底板的中棱上。固定钉子要垂直进入，否则会伤及导线。钉子与钉子之间的距离，直线部分不应大于300mm；离起点、离电器和木台，接头和终端的距离不应大于30mm。盖板做到终端，若没有电器和木台，接头和终端等的距离不应大于30mm。盖板做到终端，若没有电器和木台，应进行封端处理：先将盖板封端处锯成一斜面，再将盖板按底板斜面坡度折覆固定

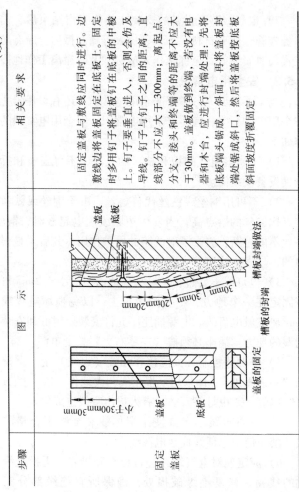

盖板
底板

≤于300mm | 30mm

盖板的固定

盖板
底板

槽板封端做法

30mm | 30mm | 20mm | 20mm

槽板的封端

7）电气线路及设备的安装或检修工作结束后，需拆除警告牌，所有材料、工具、仪表等随之撤离，原有防护装置随时安装好，全部工作人员必须及时撤离工作地段。

3.5.2　安全用电常识

电工不仅要充分了解安全用电常识，还有责任阻止不安全用电的行为，宣传安全用电常识。安全用电常识的内容如下：

1）不掌握电气知识和技术的人员，不可安装和拆卸电气设备及线路。

2）不可用铜丝或铁丝代替熔丝。由于铜丝或铁丝的熔点比熔丝的熔点高，当发生短路或用电超载时，铜丝、铁丝不能熔断，失去了对线路的保护作用，其后果是很危险的，易发生线路着火事故。

3）电灯线不要过长，灯头离地面不应小于2m。灯头应固定在一个地方，不要拉来拉去，以免损坏电线或灯头，造成触电事故。电源插座不允许安装得过低和安装在潮湿的地方，插座必须按"左零右火"接通电源。

4）照明等控制开关应接在相线（火线）上。严禁使用"一线一地"（即采用一根相线和大地作零线）的方法安装电灯、杀虫灯等，防止有人拔出零线造成触电。

5）室内布线不允许使用裸体线和绝缘不合格的电线。禁止使用电话线代替电源线。

6）应定期对电气线路进行检查和维修，更换绝缘老化的线路，修复绝缘破损处，确保所有绝缘部分完好无损。

7) 不要移动正处于工作状态的洗衣机、电视机、电冰箱等家用电器，应在切断电源、拔掉插头的条件下搬动。

8) 使用床头灯时，用灯头上的开关控制用电器有一定的危险，应选用拉线开关或电子遥控开关，这样更为安全。

9) 发现用电器发声异常，或有焦煳异味等不正常情况时，应立即切断电源，进行检修。

10) 平时应注意防止导线和电气设备受潮，不要用湿手去摸带电灯头、开关、插座以及其他家用电器的金属外壳，也不要用湿布去擦拭。在更换灯泡时要先切断电源，然后站在干燥木凳上进行，使人体与地面充分绝缘。

11) 不要用金属丝绑扎电源线。

12) 发现导线的金属外露时，应及时用带黏性的绝缘黑胶布加以包扎，但不可用医用白胶布代替电工用绝缘黑胶布。

13) 使用移动式电气设备时，应先检查其绝缘是否良好，在使用过程中应采取增加辅助绝缘的措施，如使用电锤、手电钻时最好戴绝缘手套并站在橡胶垫上进行工作。

14) 洗衣机、电冰箱等家用电器在安装使用时，必须按要求将其金属外壳做好接零线或接地线的保护措施，以防止电气设备绝缘损坏时外皮带电造成的触电事故。

15) 在同一个插座上不能插接功率过大的用电器具，也不能同时插接多个用电器具。这是因为，如果电路中用电器具的总功率过大，导线中的电流超过导线所允许通过的最大正常工作电流，导线会发热。此时，如果熔丝又失去了自动熔断的保护作用，就会引起电线燃烧，造成火灾，或发生烧毁用电器具的事故。

16）晒衣服的铁丝不要靠近电线，以防铁丝与电线相碰。更不要在电线上晒衣服、挂东西。

17）在潮湿环境中使用可移动电器，必须采用额定电压为36V的低压电器，若采用额定电压为220V的电器，其电源必须采用隔离变压器。在金属容器（如锅炉、管道）内使用移动电器，一定要用额定电压为12V的低压电器，并要加接临时开关，还要有专人在容器外监护，低电压移动电器应装特殊型号的插头，以防误插入电压较高的插座上。

18）雷雨时，不要走近高电压电杆、铁塔和避雷针的接地导线的周围，以防雷电入地时周围存在的跨步电压触电；切勿走近断落在地面上的高压电线。万一高压电线断落在身边或已进入跨步电压区域时，要立即用单脚或双脚并拢迅速跳到10m以外的地区，千万不可奔跑，以防跨步电压触电。

3.6　触电救护措施

3.6.1　触电的几种情况

1. 单相触电

由于电线破损、导线金属部分外露、导线或电气设备受潮等原因使其绝缘部分的性能降低，而导致站在地上的人体直接或间接地与相线接触，则加在人体上的电压约是220V，如图3-13所示，这时电流就通过人体流入大地而发生单相触电事故。大部分的触电死亡事故都是这种触电形式。

2. 双相触电

人体同时接触两根线或同时接触零线和相线，这时线电压直接加在人体上，电流通过人体，发生双相触电事故。此时人体上的电压比单相触电时高，后果更为严重，如图3-14所示。这类事故多发生在带电检修或安装电气设备时。

图3-13　单相触电

图3-14　双相触电

3. 跨步电压触电

当高压电线断落在地面时，电流就会从电线的着地点向四周扩散，在地面上由于土壤电阻的作用，电流流过土壤电阻会形成不同的电位分布，地面不同两点间会有电位差，这时如果人站在高压电线着地点附近，人的两脚之间就会有电压，并有电流通过人体造成触电。这种触电称为跨步电压触电，如图 3-15 所示。遇到有高压线落地的情况时千万不要跑，以免形成跨步电压，应赶快把双脚并拢在一起，或赶快用一条腿蹦离落地点 20m 以外。

图 3-15　跨步电压触电

3.6.2　触电后的急救

如发现有人触电后，应争分夺秒地及时救助，切不可延误时间。首先，应迅速切断电源，例如断开电源开关或拔下电源插头。如果电源开关离触电地点较远，可以用有绝缘手柄的钢丝钳把两根电线先后剪断，或用干燥的木棍（板）、竹竿把触电人身上的电线挑开，如图 3-16 所示。

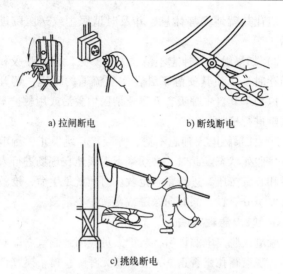

a) 拉闸断电　　　　　　　b) 断线断电

c) 挑线断电

图3-16　使触电人尽快脱离电源的方法

1. 切断电源时的注意事项

1) 绝对不允许直接用手去拉触电人, 以防止救护人员触电。

2) 防止触电人脱离电源后可能的摔伤。特别在高处触电的情况下, 应考虑触电人倒下的方向, 注意防摔。

3) 如采用人为短路的办法, 使前级熔断或使断路器跳闸, 则应考虑再次送电的可能性, 应迅速采取适当的措施, 使触电人脱离电源。

2. 切断电源后的抢救措施

1) 如果触电人神志清醒, 但感乏力、心慌、头昏

时，应让其就地安静休息，并及时请医生或送医院进行
诊治。

2）如果触电人神志不清、失去知觉，但是呼吸和心
跳尚存时，应使其安静平卧在空气流通的环境，解开上
衣，以利于其自主呼吸，并迅速请医生救治或用救护车送
往医院进行抢救。

3）如果触电人神志不清，呼吸、心跳停止，触电人
往往呈假死状态。此时，必须毫不迟疑地在现场进行人工
呼吸和心脏按压，进行紧急抢救。时间就是生命，抢救触
电人要争分夺秒，同时向医院或急救中心求救。

3.6.3　触电急救方法

触电人脱离电源以后，救护人员应因地制宜立即对症
救治。观察瞳孔是否正常，查看有无呼吸，摸一摸颈部的
颈动脉有无搏动，判断心脏是否跳动，如图 3-17 所示。
然后迅速设法送往医院或通知医务人员前来抢救。

图 3-17　查一查有无呼吸、心跳

对症救治有以下两种情况：

1）触电人的情况不太严重，神志清醒，但是感到心

慌，四肢发麻，全身无力，一度昏迷，但很快恢复知觉。这种情况，不要做人工呼吸和心脏按压，使触电人就地安静舒适地躺下休息 1～2h，不要乱动，让其慢慢恢复。同时，注意观察，如发现呼吸或心脏跳动不规则，甚至有停止的危险，应针对情况赶快抢救。

2）触电严重，呼吸和心跳都已停止时，应迅速进行人工呼吸和心脏按压。如果触电人短时间内尚有心跳而无呼吸，则只做人工呼吸。触电急救应尽量就地进行，中间不能间断。如果伤势严重非送医院不可，运送途中也不能停止抢救。人触电后经常发生假死现象，所以应立即施行人工呼吸，不可中断。

3.6.4　人工呼吸法

1. 口对口吹气法

口对口吹气法效果较好，容易掌握。把触电人按要求放好后，救护人可蹲在触电人头部旁边，一手捏紧触电人的鼻孔（不要漏气），另一手扶触电人的下颌，使嘴张开（嘴上可盖一块薄布），操作示意如图 3-18、图 3-19 所示。

救护人深吸气后，紧贴触电人的嘴（防止漏气）吹气，如图 3-20 所示。同时观察触电人胸部的膨胀情况，以略有起伏为宜。胸部起伏过大，表示吹气太多，容易把肺泡吹破。胸部无起伏，表示吹气用力过小起不到应有的作用。救护人吹气完毕准备换气时，应立即离开触电人的嘴，并放开鼻孔，让触电人自动向外呼气，如图 3-21 所示。

图 3-18　头部后仰

图 3-19　捏鼻掰嘴

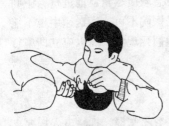

图 3-20　贴紧吹气

图 3-21　放松换气

　　按以上步骤连续进行下去，对成年人吹气 14 ~ 16 次/min（5s 吹一次，其中吹气 2s，呼气 3s）。给儿童吹气时，18 ~ 24 次/min，不必捏紧鼻子。注意不要让胸部过分膨胀，防止吹破肺部。如果触电人的嘴不易掰开，可捏紧嘴往鼻孔里吹气。

2. 摇臂压胸人工呼吸法

　　这种方法效果较好，但救护人容易疲劳，人少时不能坚持长时间急救，如图 3-22、图 3-23 所示。

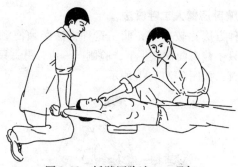

图 3-22 摇臂压胸法——吸气

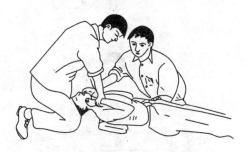

图 3-23 摇臂压胸法——呼气

这种方法要使触电人仰卧（肩部用柔软物稍微垫高），头部后仰，把触电人舌头拉出，保证呼吸道畅通，救护者跪在触电人的头顶附近，两手握住触电人的手腕，使两臂弯曲，压在前胸两侧（不宜用力过大），让触电人呼气。然后将触电人两臂从两侧向头顶方向伸直，让触电人吸气，这样操作的频率为 14 ~ 16 次/min。

3. 俯卧压臂人工呼吸法

这种方法比较简单，使用这种方法必须使触电人俯卧，一只手臂弯曲枕在头下，脸侧向一边，另一只手沿着头旁伸直，如图 3-24a、b 所示。

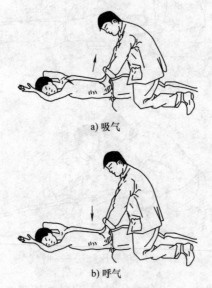

a) 吸气

b) 呼气

图 3-24　俯卧压臂法

救护人跨跪在触电人臀部两侧，双手伸开，手掌平放在触电人背部肩胛骨下（相当于第 7 对肋骨），拇指朝里，其余 4 指并拢，用手向下压，使触电人呼气，然后，手慢慢抬起（不要离开触电人背部），使触电人吸气，这样操作的频率为 14~16 次/min。

4. 施行人工呼吸的基本要求

1) 当触电人员完全停止呼吸，或呼吸非常困难，或几乎停止，方可施行人工呼吸。

2) 人工呼吸应在触电人完全脱离电源以后，迅速不断地进行。

3) 应按照人工呼吸法的基本动作要求施行，直至触电人回生或确实已死亡后，方可停止。

4) 进行人工呼吸，必须时刻注意触电人的脸部表情。如发现嘴唇稍有开合，眼皮稍有活动，喉嗓有咽东西的动作等，即触电人已开始自动均匀呼吸时，应及时停止人工呼吸。

5. 施行人工呼吸前的注意事项

1) 应将妨碍触电人呼吸的衣服（包括领子、衣扣、裤带等）全部解开，使其胸部和腹部都能自由扩张。

2) 迅速将触电人仰卧，颈部伸直，检查触电人的口腔，清除口中饮食和呕吐物，如图 3-25 所示。

用手掰开嘴部时，要注意不要使触电人受伤。救护人用两手（每手 4 指）托住下颚骨后角处，大姆指放在下颚骨边缘上，用力慢慢向

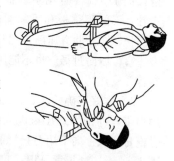

图 3-25　清除触电人口腔污物

前移动，使下牙移到上牙外面，摘下假牙，拉出舌头，使呼吸道畅通。如果牙关紧闭，可用小木片等，从嘴角伸入牙缝慢慢撬开。触电人的头部尽量后仰。

3.6.5　胸外心脏按压法

心脏的位置在胸腔中胸骨下半段和脊椎骨之间，神志昏迷的触电人胸廓比较松软，有一定的弹性。心脏按压法又叫心脏按摩法，是用人工的方法在胸外按压心脏，使触电人恢复心脏跳动，具体做法如下。

1）使触电人仰卧，与吹气法要求相同。

2）首先选好正确的压点，如图3-26所示。救护人应跨跪在触电人的腹部两侧，两手交叉相叠，把下边一只手的掌根放在触电人的胸骨上。掌根离胸骨下端的距离，大约是胸骨全长的1/3（注意用手掌根压胸骨，不能用掌根和手掌同时

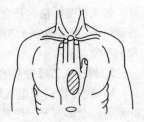

图3-26　正确压点

压肋骨，防止肋骨压断，尤其对年纪、体形不同的人，用力适宜，以防过猛。也不能压胸骨下端处，防止引起肝破裂等并发症）。

3）选好正确的压点以后，救护人肘关节伸直，适当用力带有冲击性地压触电人的胸骨（压胸骨时，要对准脊椎骨，从上向下用力），如图3-27所示。对成年人可压下3～4cm，对儿童只用一只手，用力要小，压下深度要

适当浅些。

4）按压到一定程度，掌根迅速放松（但不要离开胸膛），使触电人的胸骨复位，如图3-28所示。

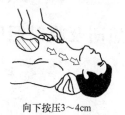

向下按压3～4cm

图 3-27 向下按压

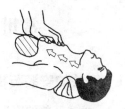

图 3-28 迅速放松

按压次数，成年人大约为 60 次/min，儿童大约为90～100 次/min。按压位置要找准，压力应适当，不可用力过猛过大，防止把胃里食物压出堵住气管，或造成肋骨折断等病症。但也不要用力过小，否则起不到应有的作用。

心脏按压有效果时，可以摸到脉搏跳动，如果摸不到脉搏跳动，应把按压力加大，速度放慢，再观察脉搏是否跳动。

单纯做胸外心脏按压不能得到良好的呼吸效果时，应同时采用吹气人工呼吸法，由两个人进行。一般心脏按压大约 60 次/min，人工呼吸大约 12～15 次/min，操作比例大约是 4:1。如果只有一人抢救，应先做心脏按压 4 次，再吹一口气。

常用电气照明及临时照明

4.1 开关的安装与检修

4.1.1 拉线开关的安装

拉线开关的安装如图 4-1 所示。安装时，应先在绝缘的方（或圆）木台上钻三个孔，穿进导线后，用一只木螺钉将木台固定在支承点上。然后拧下拉线开关盖，把两根导线头分别穿入开关底座的两个穿线孔内，用两只木螺钉，将开关底座固定在绝缘木台（或塑料台）上，把导线分别接到接线桩上，然后拧上开关盖。明装拉线开关拉线口应垂直向下不使拉线和开关底座发生摩擦，防止拉线磨损断裂。

4.1.2 跷板式开关的安装

跷板式开关应与配套的开关盒进行安装。常用的跷板式塑料开关盒如图 4-2a 所示。开关接线时，应使开关切断相线，并应根据跷板式开关的跷板或面板上的标志确定面板的装置方向，即装成跷板下部按下时，开关处在合闸的位置，跷板上部按下时，开关应处在断开位置，如

图 4-2b 所示。

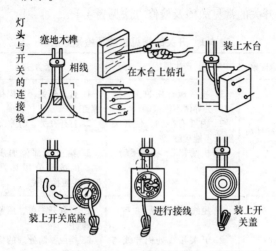

图 4-1 拉线开关的安装

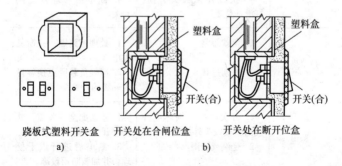

跷板式塑料开关盒　　开关处在合闸位盒　　开关处在断开位盒

a)　　　　　　　　　　　　　b)

图 4-2 跷板式开关的安装

4.1.3　开关的常见故障及检修方法

开关的常见故障及检修方法见表4-1。

表 4-1　开关的常见故障及检修方法

故障现象	产生原因	检修方法
开关操作后电路不通	1. 接线螺钉松脱，导线与开关导体不能接触 2. 内部有杂物，使开关触头不能接触 3. 机械卡死，拨拉不动	1. 打开开关，紧固接线螺钉 2. 打开开关，清除杂物 3. 给机械部位加润滑油，机械部分损坏严重时，应更换开关
接触不良	1. 压线螺钉松脱 2. 开关接线处铝导线与铜压接头形成氧化层 3. 开关触头上有污物 4. 拉线开关触头磨损、打滑或烧毛	1. 打开开关盖，压紧接线螺钉 2. 换成搪锡处理的铜导线或铝导线 3. 断电后，清除污物 4. 断电后修理或更换开关
开关烧坏	1. 负载短路 2. 长期过载	1. 处理短路点，并恢复供电 2. 减轻负载或更换容量大一级的开关
漏电	1. 开关防护盖损坏或开关内部接线头外露 2. 受潮或受雨淋	1. 重新配全开关盖，并接好开关的电源连接线 2. 断电后进行烘干处理，并加装防雨设施

4.2 插座的安装与检修

插座应安装牢固。由于插座始终是带电的，明装插座的安装高度距地面不低于1.3m，一般为1.5～1.8m；暗装插座允许低装，但距地面高度不低于0.3m。

插座应正确接线，单相两孔插座为面对插座的右极接电源相线，左极接电源零线；单相三孔及三相四孔插座中保护接地（接零）极均应接在上方，如图4-3所示。

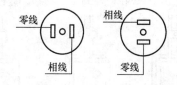

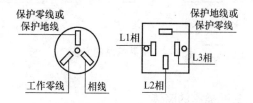

图4-3 插座的接线方式

4.2.1 两孔插座的明装

明装插座一般安装在明敷线路上，在绝缘台上要用两只木螺钉固定，安装步骤如图4-4所示。安装插座底座时，为了美观，应使插座底座处于绝缘台的中间位置。

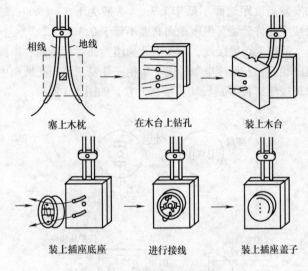

相线　　地线

塞上木枕　　　　　在木台上钻孔　　　　装上木台

装上插座底座　　　　进行接线　　　　装上插座盖子

图4-4　两孔插座的安装

4.2.2　三孔插座的暗装

三孔插座的安装步骤为：在已预埋入墙中的导线端的安装位置上按暗盒的大小凿孔，并凿出埋入墙中的导线管走向位置。将管中导线穿过暗盒后，把暗盒及导线管同时放入槽中，用水泥砂浆填充固定。暗盒应安放平整，不能偏斜。将已埋入墙中的导线剥去15mm左右绝缘层后，接入插座接线桩中，拧紧螺钉，如图4-5a所示。将插座用平头螺钉固定在开关暗盒上，压入装饰钮，如图4-5b所示。

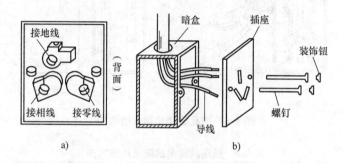

图4-5 三孔插座的安装

4.2.3 两孔移动式插座的安装

首先在双股软线的一端连接好两极插头。接着拆开两孔移动式插座的接线板，其内部结构如图4-6a、b所示，外部结构如图4-6c所示。然后剥去导线另一端的绝缘层，从接线板的进线口将两导线分别与接线柱连接，按原样放置好铜片，有压紧弹簧的应安好弹簧。检查后装好接线板盖，旋紧固定螺钉。

4.2.4 插座的常见故障及检修方法

插座的常见故障及检修方法见表4-2。

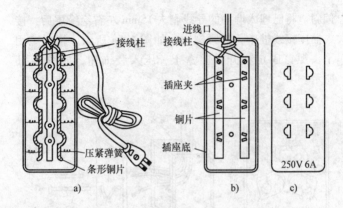

接线柱
进线口
接线柱
插座夹
铜片
插座底
压紧弹簧
条形铜片
250V 6A

a)　　　　　　b)　　　c)

图 4-6　两孔移动式插座的结构

表 4-2　插座的常见故障及检修方法

故障现象	产生原因	检修方法
插头插上后不通电或接触不良	1. 插头压线螺钉松动，连接导线与插头片接触不良 2. 插头根部电源线在绝缘皮内部折断，造成时通时断 3. 插座口过松或插座触片位置偏移，使插头接触不上 4. 插座引线与插座压接导线螺钉松开，引起接触不良	1. 打开插头，重新压接导线与插头的连接螺钉 2. 剪断插头端部一段导线，重新连接 3. 断电后，将插座触片收拢一些，使其与插头接触良好 4. 重新连接插座电源线，并旋紧螺钉

（续）

故障现象	产生原因	检修方法
插座短路	1. 导线接头有毛刺，在插座内松脱引起短路 2. 插座的两插口相距过近，插头插入后碰连引起短路 3. 插头内接线螺钉脱落引起短路 4. 插头负载端短路，插头插入后引起弧光短路	1. 重新连接导线与插座，在接线时要注意将接线毛刺清除 2. 断电后，打开插座修理 3. 重新把紧固螺钉旋进螺母位置，固定紧 4. 消除负载短路故障后，断电更换同型号的插座
插座烧坏	1. 插座长期过载 2. 插座连接线处接触不良 3. 插座局部漏电引起短路	1. 减轻负载或更换容量大的插座 2. 紧固螺钉，使导线与触片连接好并清除生锈物 3. 更换插座

4.3 白炽灯的安装与检修

4.3.1 白炽灯的基本控制电路

1. 一只开关控制一盏灯电路

电路如图 4-7 所示，这是一种最基本、最常用的照明灯控制电路。开关 S 应串接在 220V 电源相线上，如果使用的是螺口灯头，相线应接在灯头中心接点上。开关可以

使用拉线开关、扳把开关或跷板式开关等单极开关。开关
以及灯头的功率不能小于所安装灯泡的额定功率。

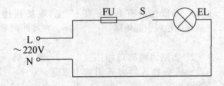

图4-7 一只开关控制一盏灯电路

　　为了便于夜间开灯，寻找到开关位置，可以采用有发
光指示的开关来控制照明灯。电路如图4-8所示，当开关
S打开时，220V交流电经电阻R降压限流加到发光二极
管VL两端，使VL通电发光。此时流经电灯EL的电流甚
微，约为2mA，可以认为不消耗电能，电灯也不会点亮。
合上开关S，电灯EL可正常发光，此时VL熄灭。若打开
S，VL不发光，如果不是灯泡EL灯丝烧断，那就是电网
断电了。

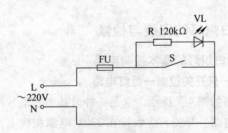

图4-8 白炽灯采用有发光指示的开关电路

2. 一只开关控制三盏灯（或多盏灯）电路

电路如图4-9所示，安装接线时，要注意所连接的所有灯泡总电流应小于开关允许通过的额定电流值。为了避免布线中途的导线接头，减少故障点，可将接头安排在灯座中，电路如图4-9b所示。

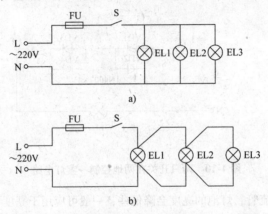

图4-9 一只开关控制三盏灯（或多盏灯）电路

3. 两只开关在两地控制一盏灯电路

电路如图4-10a所示，这种方式用于需两地控制时，如楼梯上使用的照明灯，要求在楼上、楼下都能控制其亮灭。安装时，需要使用两根导线把两只单刀双掷开关连接起来。

另一种电路（见图4-10b）可在两开关之间节省一根导线，同样能达到两只开关控制一盏灯的效果。这种方法适用于两只开关相距较远的场所，缺点是由于电路中串接

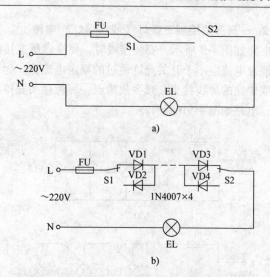

图4-10   两只开关在两地控制一盏灯电路

了整流管，灯泡的亮度会降低些，一般可应用于亮度要求不高的场合。二极管 VD1 ~ VD4 一般可用 1N4007 型二极管，如果所用灯泡功率超过 200W，则应用 1N5407 型等整流电流更大的二极管。

4. 三地控制一只灯电路

由两只单刀双掷开关和一只双刀双掷开关可以实现三地控制一只灯的目的。电路如图 4-11 所示。图中 S1、S3 为单刀双掷开关，S2 为双刀双掷开关。不难看出，无论电路初始状态如何，只要扳动任意一只开关，EL 将由断电状态变为通电状态或者相反。

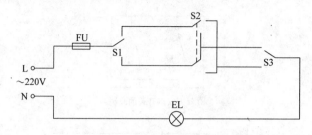

图4-11　三地控制一只灯电路

图4-11 中，双刀双掷开关 S2 在市面上不太容易买到，实际使用中，也可用两只单刀双掷开关进行改制后使用。改制方法很简单，只要按图 4-12a 所示，将两只单刀双掷开关的两个静接头（图 4-12a 中的①与②）用绝缘导线交叉接上，就改装成了一只双刀双掷开关。不过，这只开关使用时要同时按两下开关才起作用。再按图 4-12b 所示接线就可用于三地同时独立控制一盏灯了。为了能实现同时按下改制后的开关，要求采用市面流行的大板琴键式单刀双掷开关，然后用 502 胶水把这个两位大板琴键粘在一起，实现三控开关的作用。

5. 五层楼照明灯控制电路

电路如图 4-13 所示，S1 ~ S5 分别装在一至五层楼的楼梯上，灯泡分别装在各楼层的走廊里。S1、S5 为单刀双掷开关，S2 ~ S4 为双刀双掷开关。这样在任一楼层都可控制整座楼走廊的照明灯。例如上楼时开灯，到五楼再关灯，或从四楼下楼时开灯，到一楼再关灯。

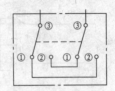

a) 双刀双掷开关的改制

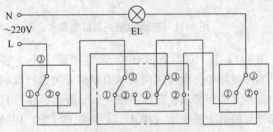

b) 改制后的三地控制一盏灯电路

图 4-12 双刀双掷开关的改制及电路连接方法

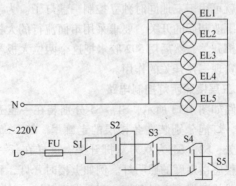

图 4-13 五层楼照明灯控制电路

6. 自动延时关灯电路

用时间继电器可以控制照明灯自动延时关灯。该方法简单易行，使用方便，能有效地避免长明灯现象，电路如图4-14所示。

SB1～SB4 和 EL1～EL4是设置在四处的开关和灯泡（如在四层楼的每一层设置一个灯泡和一个开关）。当按下 SB1～SB4 开关中的任意一只时，失电延时时间继电器 KT 得电后，其常开触头闭合，使 EL1～EL4 均点亮。当手离开所按开关后，时间继电器 KT 的触头并不立即断开，而是延时一定时

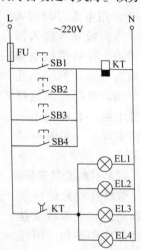

图4-14 自动延时关灯电路

间后才断开。在延时时间内灯泡 EL1～EL4 继续亮着，直至延时结束触头断开，灯泡才同时熄灭。延时时间可通过时间继电器上的调节装置进行调节。

4.3.2 白炽灯的安装方法

1. 悬吊式照明灯的安装

（1）圆木（木台）的安装

先在准备安装挂线盒的地方打孔，预埋木榫或膨胀螺栓。然后对圆木进行加工，在圆木中间钻3个小孔，孔的

大小应根据导线的截面积选择。如果是护套线明配线,应
在圆木底面正对护套线
的一面用电工刀刻两条
槽,将两根导线嵌入圆
木槽内,并将两根电源
线端头分别从两个小孔
中穿出。最后用木螺钉
通过中间小孔将圆木固
定在木榫上,如图 4-15
所示。

　(2) 挂线盒的安装

　塑料挂线盒的安装
过程是先将电源线从挂
线盒底座中穿出,用螺
钉将挂线盒紧固在圆木
上。然后将伸出挂线盒
底座的线头剥去 20mm

图 4-15　圆木的安装

左右绝缘层,弯成接线圈后,分别压接在挂线盒的两个
接线桩上,如图 4-16 所示。再按灯具的安装高度要求,
取一段橡皮绝缘软线或塑料绞线作挂线盒与灯头之间的
连接线,上端接挂线盒内的接线桩,下端接灯头接线
桩。为了不使接头处承受灯具重力,吊灯电源线在进入
挂线盒盖后,在离接线端头 50mm 处打一个结(电工
扣)。这个结正好卡在挂线盒孔里,承受着部分悬吊灯

具的重量。

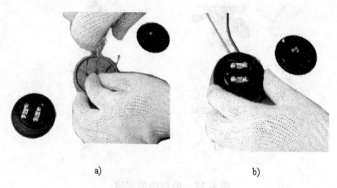

a)   b)

图4-16 挂线盒的安装

（3）灯座的安装

首先把螺口灯座的胶木盖子卸下，将软吊灯线下端穿过灯座盖孔，在离导线下端约30mm处打一电工扣，然后把去除绝缘层的两根导线下端芯线分别压接在灯座两个接线端子上，如图4-17所示，最后旋上灯座盖。如果是螺口灯座，相线应接在与中心铜片相连的接线桩上，零线接在与螺口相连的接线桩上。

2. 矮脚式电灯的安装

矮脚式电灯一般由灯头、灯罩、灯泡等组成，分卡口式和螺口式两种。

（1）卡口矮脚式电灯的安装

卡口矮脚式电灯的安装方法和步骤如图4-18所示。

a)　　　　　　　　　　　　　　　　b)

图 4-17　吊灯座的安装

接线　　　　　安装卡口矮脚
　　　　　　　式底座

灯罩、灯头、
灯泡组装

图 4-18　卡口矮脚式电灯的安装

（2）螺口矮脚式电灯的安装

螺口矮脚式电灯的安装方法除了接线以外，其余与卡口矮脚式电灯的安装方法几乎完全相同，如图4-19所示。螺口矮脚式电灯接线时应注意：中性线要接到与螺旋套相连的接线桩上，灯头与开关的连接线（实际上是通过开关的相线）要接到与中心铜片相连的接线桩头上，千万不可接反，否则在装卸灯泡时容易发生触电事故。

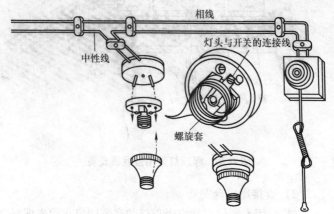

图4-19 螺口矮脚式电灯的安装

3. 吸顶灯的安装

吸顶灯与屋顶天花板的结合可采用过渡板安装或直接用底盘安装。

（1）过渡板安装

首先用膨胀螺栓将过渡板固定在顶棚预定位置。将底盘元件安装完毕后，再将电源线由引线孔穿出，然后托着底盘找过渡板上的安装螺栓，上好螺母。因不便观察而不易对准位置时，可用一根铁丝穿过底盘安装孔，顶在螺栓端部，使底盘慢慢靠近，沿铁丝顺利对准螺栓并安装到位，如图4-20所示。

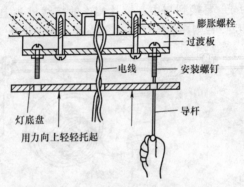

图4-20　吸顶灯采用过渡板安装

（2）直接用底盘安装

安装时用木螺钉直接将吸顶灯的底座固定在预先埋好在天花板内的木砖上，如图4-21所示。当灯座直径大于100mm时，需要用2~3只木螺钉固定灯座。

4. 双联开关两地控制一盏灯的安装

安装时，使用的开关应为双联开关，此开关应具有3个接线桩，其中两个分别与两个静触头连接，另一个与动触头连接（称为共用桩）。双联开关用于控制电路上的白

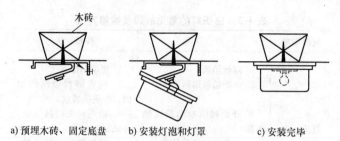

a) 预埋木砖、固定底盘   b) 安装灯泡和灯罩   c) 安装完毕

图 4-21　吸顶灯直接用底座安装

炽灯，一个开关的共用桩（动触头）与电源的相线连接，另一个开关的共用桩与灯座的一个接线桩连接。采用螺口灯座时，应与灯座的中心触头接线桩相连接，灯座的另一个接线桩应与电源的中性线相连接。两个开关的静触头接线桩，分别用两根导线进行连接，如图 4-22 所示。

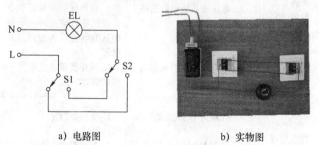

a) 电路图   b) 实物图

图 4-22　双联开关两地控制一盏灯的安装

4.3.3　白炽灯的常见故障及检修方法

白炽灯的常见故障及检修方法见表 4-3。

表 4-3　白炽灯的常见故障及检修方法

故障现象	产生原因	检修方法
灯泡不亮	1. 灯丝熔断 2. 电源熔丝熔断 3. 开关接线松动或接触不良 4. 电路中有断路故障 5. 灯座内接触头与灯泡接触不良	1. 更换新灯泡 2. 检查熔丝烧断的原因，并更换熔丝 3. 检查开关的接线处，并修复 4. 检查电路的断路处，并修复 5. 去掉灯泡，修理弹簧触头，使其有弹性
开关合上后熔丝立即熔断	1. 灯座内两线头短路 2. 螺口灯座内中心铜片与螺旋铜圈相碰短路 3. 电路或其他电器短路 4. 用电量超过熔丝容量	1. 检查灯座内两接线头，并修复 2. 检查灯座并扳准中心铜片 3. 检查导线绝缘是否老化或损坏，检查同一电路中其他电器是否短路，并修复 4. 减小负载或更换大一级的熔丝
灯泡发强烈白光，瞬时烧坏	1. 灯泡灯丝搭丝造成电流过大 2. 灯泡的额定电压低于电源电压 3. 电源电压过高	1. 更换新灯泡 2. 更换与电路电压一致的灯泡 3. 查找电压过高的原因，并修复

（续）

故障现象	产生原因	检修方法
灯光暗淡	1. 灯泡内钨丝蒸发后积聚在玻壳内表面使玻壳发乌，透光度减低；同时灯丝蒸发后变细，电阻增大，电流减小，光通量减小	1. 正常现象，不必修理，必要时可更换新灯泡
	2. 电源电压过低	2. 调整电源电压
	3. 电路绝缘不良有漏电现象，致使灯泡所得电压过低	3. 检修电路，更换导线
	4. 灯泡外部积垢或积灰	4. 擦去灰垢
灯泡忽明忽暗或忽亮忽灭	1. 电源电压忽高忽低	1. 检查电源电压
	2. 附近有大电动机起动	2. 待电动机起动过后会好转
	3. 灯泡灯丝已断，断口处相距很近，灯丝晃动后忽接忽离	3. 及时更换新灯泡
	4. 灯座、开关接线松动	4. 检查灯座和开关并修复
	5. 熔丝接头处接触不良	5. 紧固熔丝

4.4 荧光灯的安装与检修

4.4.1 荧光灯的基本控制电路

1. 荧光灯采用二线镇流器电路

电路如图4-23所示。当开关闭合后，辉光启动器接通，灯管灯丝通电流发热，几秒钟时间，辉光启动器断开，镇流器产生高电压，加到荧光灯灯管两端，使管内汞气电离而导通，带电粒子打到灯管内壁荧光粉上，发出白光。当荧光灯点亮后，镇流器起限制电流作用。

2. 荧光灯采用四线镇流器电路

电路如图 4-24 所示。四线镇流器有四根引线，分

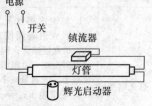

图 4-23 荧光灯采用二线镇流器电路

主、副线圈。四线镇流器主线圈的两根引线和二线镇流器接法一样，副线圈要串接在辉光启动器回路中，便于启辉。由于副线圈的匝数少，因此交流阻抗较小，接线时应特别注意，切勿将副线圈接入电源，以免烧毁灯管和镇流器。使用时可通过测量线圈的冷态直流电阻加以区分，阻值大的为主线圈，阻值小的为副线圈。另外要注意接线极性的正确，可从观察灯管亮度和启辉情况判断极性是否正确。

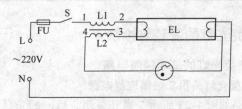

图 4-24 荧光灯采用四线镇流器电路

3. 双管荧光灯电路

电路如图 4-25 所示，将 2 只荧光灯电路并联后接到电源上，共用 1 只开关。闭合开关，2 只灯管同时亮，断开开关，2 只灯管同时熄灭。

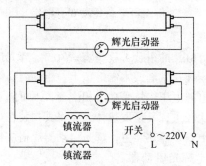

图 4-25 双管荧光灯电路

4. 荧光灯采用电子镇流器电路

电路如图 4-26 所示。荧光灯采用电子镇流器可以提高功率因数，延长使用寿命。电子镇流器有 6 个接线头，2 个接电源，4 个接灯管的两个灯丝。

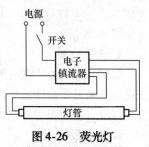

图 4-26 荧光灯采用电子镇流器电路

4.4.2 荧光灯的安装方法

1. 准备灯架

根据荧光灯管的长度，购置或制作与之配套的灯架。

图 4-27 所示为全套荧光灯零件。

图 4-27　全套荧光灯零件

2. 组装灯具

荧光灯灯具的组装，就是将镇流器、辉光启动器、灯座和灯管安装在铁制或木制灯架上。组装时必须注意，镇流器应与电源电压、灯管功率相配套，不可随意选用。由于镇流器比较重，又是发热体，应将其扣装在灯架中间或在镇流器上安装隔热装置。辉光启动器规格应根据灯管功率来确定。辉光启动器宜装在灯架上便于维修和更换的地点。两灯座之间的距离应准确，防止因灯脚松动而造成灯管掉落。荧光灯灯具组装如图 4-28 所示。

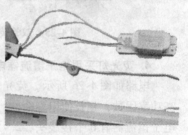

图 4-28　荧光灯灯具组装

3. 固定灯架

固定灯架的方式有吸顶式和悬吊式两种。悬吊式又分金属链条悬吊和钢管悬吊两种。安装前先在设计的固定点打孔预埋合适的固定件，然后将灯架固定在固定件上。

4. 组装接线

辉光启动器座上的两个接线端分别与两个灯座中的一

个接线端连接，余下的接线端，其中一个与电源的中性线相连，另一个与镇流器的一个出线头连接。镇流器的另一个出线头与开关的一个接线端连接，而开关的另一个接线端则与电源中的一根相线相连。与镇流器连接的导线既可通过瓷接线柱连接，也可直接连接，但要恢复绝缘层。接线完毕，要对照电路图仔细检查，以免错接或漏接，如图4-29所示。

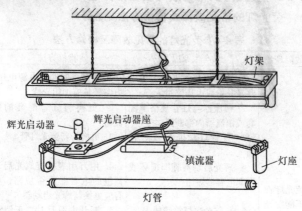

图4-29　荧光灯的组装接线

5. 安装灯管

安装灯管时，对插入式灯座，先将灯管一端灯脚插入带弹簧的一个灯座，稍用力使弹簧灯座活动部分向外退出一小段距离，另一端趁势插入不带弹簧的灯座。对开启式灯座，先将灯管两端灯脚同时卡入灯座的开缝中，再用手握住灯管两端头旋转约 1/4 圈，灯管的两个引出脚即被弹簧片卡紧，使电路接通。

6. 安装辉光启动器

最后把辉光启动器旋放在辉光启动器底座上。开关、熔断器等按白炽灯安装方法进行接线。检查无误后，即可通电试用。

4.4.3　荧光灯的常见故障及检修方法

荧光灯的常见故障及检修方法见表4-4。

表4-4　荧光灯的常见故障及检修方法

故障现象	产生原因	检修方法
荧光灯管不能发光或发光困难	1. 电源电压过低或电源电路较长造成电压降过大	1. 有条件时调整电源电压；电路较长应加粗导线
	2. 镇流器与灯管规格不配套或镇流器内部断路	2. 更换与灯管配套的镇流器
	3. 灯管灯丝断丝或灯管漏气	3. 更换为新荧光灯管
	4. 辉光启动器陈旧损坏或内部电容器短路	4. 用万用表检查辉光启动器里的电容器是否短路，如有应更换新辉光启动器
	5. 新装荧光灯接线错误	5. 断开电源及时更正错误电路
	6. 灯管与灯脚或辉光启动器与辉光启动器座接触不良	6. 一般荧光灯灯脚与灯管接触处最容易接触不良，应检查修复。另外，用手重新装调辉光启动器与辉光启动器座，使之良好配接
	7. 气温太低难以启辉	7. 进行灯管加热、加罩或换用低温灯管

（续）

故障现象	产生原因	检修方法
荧光灯灯光抖动及灯管两头发光	1. 荧光灯接线有误或灯脚与灯管接触不良 2. 电源电压太低或电路太长，导线太细，导致电压降太大 3. 辉光启动器本身短路或辉光启动器座两接触点短路 4. 镇流器与灯管不配套或内部接触不良 5. 灯丝上电子发射物质耗尽，放电作用降低 6. 气温较低，难以启辉	1. 更正错误电路或修理加固灯脚接触点 2. 检查电路及电源电压，有条件时调整电压或加粗导线截面积 3. 更换辉光启动器，修复辉光启动器座的触片位置或更换辉光启动器座 4. 配换适当的镇流器，加固接线 5. 换用新荧光灯灯管 6. 进行灯管加热或加罩处理
灯光闪烁或灯光有滚动	1. 更换为新灯管后出现的暂时现象 2. 单根灯管常见现象 3. 荧光灯辉光启动器质量不佳或损坏 4. 镇流器与荧光灯不配套或有接触不良处	1. 一般使用一段时间后即可好转，有时将灯管两端对调一下即可正常 2. 有条件可改用双灯管解决 3. 换用新辉光启动器 4. 调换与荧光灯灯管配套的镇流器或检查接线有无松动，进行加固处理

（续）

故障现象	产生原因	检修方法
荧光灯在断开开关后，夜晚有时会有微弱亮光	1. 电路潮湿，开关有漏电现象 2. 开关不是接在相线上而是错接在零线上	1. 进行烘干或绝缘处理，开关漏电严重时应更换为新开关 2. 把开关接在相线上
荧光灯管两头发黑或产生黑斑	1. 电源电压过高 2. 辉光启动器质量不好，接线不牢，引起长时间的闪烁 3. 镇流器与荧光灯管不配套 4. 灯管内汞凝结（是细灯管常见的现象） 5. 辉光启动器短路，使新灯管阴极发射物质加速蒸发而老化，更换为新辉光启动器后，也有此现象 6. 灯管使用时间过长，老化陈旧	1. 处理电压升高的故障 2. 换用新辉光启动器 3. 更换为与荧光灯管配套的镇流器 4. 启动后即能蒸发，也可将灯管旋转180°后再使用 5. 更换为新的辉光启动器和新的灯管 6. 更换为新灯管
荧光灯亮度降低	1. 温度太低或冷风直吹灯管 2. 灯管老化陈旧 3. 电路电压太低或压降太大 4. 灯管上积垢太多	1. 加防护罩并回避冷风直吹 2. 严重时更换为新灯管 3. 检查电路电压太低的原因，有条件时调整电路或加粗导线截面使电压升高 4. 断电后清洗灯管并做烘干处理

（续）

故障现象	产生原因	检修方法
噪声太大或对无线电干扰	1. 镇流器质量较差或铁心硅钢片未夹紧 2. 电路上的电压过高，引起镇流器发出声音 3. 辉光启动器质量较差引起启辉时出现杂声 4. 镇流器过载或内部有短路处 5. 辉光启动器电容器失效开路，或电路中某处接触不良 6. 电视机或收音机与荧光灯距离太近引起干扰	1. 更换为新的配套镇流器或紧固硅钢片铁心 2. 如电压过高，要找出原因，设法降低电路电压 3. 更换为新辉光启动器 4. 检查镇流器过载原因（如是否与灯管配套，电压是否过高，气温是否过高，有无短路现象等），并处理；镇流器短路时应换用新镇流器 5. 更换辉光启动器或在电路上加装电容器或在进线上加滤波器来解决 6. 电视机、收音机与荧光灯的距离要尽可能离远些
荧光灯管寿命太短或瞬间烧坏	1. 镇流器与荧光灯管不配套 2. 镇流器质量差或镇流器自身有短路致使加到灯管上的电压过高 3. 电源电压太高 4. 开关次数太多或辉光启动器质量差引起长时间灯管闪烁 5. 荧光灯管受到振动致使灯丝振断或漏气 6. 新装荧光灯接线有误	1. 换用与荧光灯管配套的新镇流器 2. 镇流器质量差或有短路处时，要及时更换为新镇流器 3. 电压过高时找出原因，加以处理 4. 尽可能减少开关荧光灯的次数，或更换为新的辉光启动器 5. 改善安装位置，避免强烈振动，然后再换用新灯管 6. 更正电路接错之处

（续）

故障现象	产生原因	检修方法
荧光灯的镇流器过热	1. 气温太高，灯架内温度过高	1. 保持通风，改善荧光灯环境温度
	2. 电源电压过高	2. 检查电源
	3. 镇流器质量差，线圈内部匝间短路或接线不牢	3. 旋紧接线端子，必要时更换为新镇流器
	4. 灯管闪烁时间过长	4. 检查闪烁原因，灯管与灯脚接触不良时要加固处理，辉光启动器质量差时要更换，荧光灯管质量差引起闪烁，严重时也需更换
	5. 新装荧光灯接线有误	5. 对照荧光灯电路图，进行更改
	6. 镇流器与荧光灯管不配套	6. 更换为与荧光灯管配套的镇流器

4.5　高压汞灯的安装与检修

4.5.1　高压汞灯的安装

高压汞灯是一种气体放电灯，主要由放电管、玻璃壳和灯头等组成。玻璃壳分内外两层，内层是一个石英玻璃放电管，管内有上电极、下电极和引燃极，并充有汞和氩气；外层是一个涂有荧光粉的玻璃壳，壳内充有少量氮气。高压汞灯的外形结构如图 4-30 所示。

高压汞灯具有光色好、启动快、使用方便等优点，适用于工厂的车间、城乡的街道、农村的场院等场所的照明。在安装和使用高压汞灯时要注意以下几点。

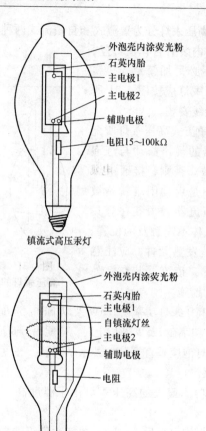

镇流式高压汞灯

外泡壳内涂荧光粉
石英内胎
主电极1
主电极2
辅助电极
电阻15~100kΩ

外泡壳内涂荧光粉
石英内胎
主电极1
自镇流灯丝
主电极2
辅助电极
电阻

自镇流式高压汞灯

图4-30 高压汞灯

1) 高压汞灯分为镇流式和自镇流式两种类型。自镇流式灯管内装有自镇流灯丝，安装时不必另加镇流器。镇流式高压汞灯应按图 4-31 所示电路接线安装。

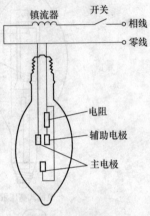

图 4-31　镇流式
高压汞灯的接线图

2) 镇流式高压汞灯所配用镇流器的规格必须与灯泡功率一致。否则，接通电源后灯泡不是启动困难就是被烧坏。镇流器必须装在灯具附近和人体不能触及的位置。镇流器是发热元件，应注意通风散热，镇流器装在室外应有防雨措施。

3) 高压汞灯功率在 125W 及以下时，应配用 E27 型瓷质灯座；功率在 175W 及以上时，应配用 E40 型瓷质灯座。

4) 灯泡应垂直安装。若水平安装，亮度将减小且易自行熄灭。

5) 功率偏大的高压汞灯由于温度高，应装置散热设备。

6) 灯泡启辉后 4 ~ 8min 才能达到正常亮度。灯泡在点亮中突然断电，如再通电点亮，需待 10 ~ 15min，这是正常现象。如果电源电压正常，又无电路接触不良，灯泡仍有熄灭和自行点亮现象反复出现，说明灯泡需要更换。

4.5.2 高压汞灯的常见故障及检修方法

高压汞灯的常见故障及检修方法见表4-5。

表4-5 高压汞灯的常见故障及检修方法

故障现象	产生原因	检修方法
开关合上后灯泡不亮	1. 电源进线无电压 2. 电路中有短路点 3. 电路中有断路处 4. 开关接触不良 5. 电源熔丝熔断 6. 灯泡灯丝已断 7. 灯泡与灯头内舌头接触不良 8. 灯头内接线脱落或烧断 9. 电源电压过低 10. 灯泡质量太差或由于机械振动内部损坏 11. 镇流式高压汞灯镇流器损坏	1. 检查电源 2. 找出短路点，加以处理 3. 找出断路处，并修复 4. 检修开关 5. 更换为新熔丝，并用螺钉压紧 6. 更换为新灯泡 7. 用小电笔将螺口灯头内舌头向外勾出一些，使其与灯泡接触良好 8. 将脱落或烧断的线重新接好 9. 检查电源 10. 更换为质量合格的新灯泡 11. 更换为新的镇流器
灯泡发出强光或瞬间烧毁，灯泡变为微暗蓝色	1. 电源电压过高，应接220V电源电压错接于380V上 2. 附带镇流器的灯泡，镇流器线圈匝间短路或整体短路 3. 灯泡漏气，外壳玻璃损伤，裂纹处漏气	1. 检查电源，如接错电源应更正 2. 更换为与灯管配套的新镇流器 3. 更换为新灯泡

（续）

故障现象	产生原因	检修方法
灯泡点亮后忽亮忽灭	1. 电源电压忽高、忽低、忽有、忽无	1. 检查电源
	2. 受附近大型电力设备起动的影响	2. 可另选其他电路供电解决，也可将高压汞灯带的镇流器更换成稳压型镇流器
	3. 熔断器、开关、灯头、灯座等接触处有接触不良现象	3. 查找接触不良处，重新接线处理，并压紧固定螺钉
	4. 灯泡在电压正常、无断续供电下自行熄灭，又自行点燃	4. 高压汞灯点燃一段时间后，无外界影响又自行熄灭，再自行点燃，一般出现在自镇流式汞灯泡上，属质量问题，严重时，应更换
	5. 灯泡遇瞬时断电再来电时，要熄灭一段时间后，才能自动重新点亮	5. 高压汞灯在瞬间断电再来电时，约需 5min 才能点亮，这种情况属正常现象

4.6　碘钨灯的安装与检修

4.6.1　碘钨灯的安装

碘钨灯是卤素灯的一种，靠增高灯丝温度来提高发光效率，系热体发光光源。它不仅具有白炽灯光色好、辨色率高的优点，而且还克服了白炽灯发光效率低、使用寿命短的缺点。其发光强度大、结构简单、装修方便，适用于照度大、悬挂高的车间、仓库及室外道路、桥梁和夜间施工工地。碘钨灯的接线如图 4-32a 所示。

安装和使用碘钨灯时应注意以下事项：

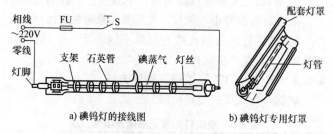

a) 碘钨灯的接线图   b) 碘钨灯专用灯罩

图4-32 碘钨灯的接线图及专用灯罩

1）碘钨灯必须配用与灯管规格相适应的专用铝质灯罩，如图4-32b所示。灯罩既可反射灯光，提高灯光利用率，又可散发灯管热量，使灯管保持最佳工作状态。由于灯罩温度较高，装于灯罩顶端的接线块必须是瓷质的，电源引线应采用耐热性能较好的橡胶绝缘软线，且不可贴在灯罩铝壳上，而应悬空布线。灯罩与可燃性建筑物的净距离不应小于1m。

2）碘钨灯安装时必须保持水平状态，水平线偏角应小于4°，否则会破坏碘钨循环，缩短灯管寿命。

3）碘钨灯不可贴在砖墙上安装，以免散热不畅而影响灯管的寿命。装在室外，应有防雨措施。碘钨灯灯管工作时温度高达500～700℃，故其安装处近旁不可堆放易燃或其他怕热物品，以防发生火灾。

4）功率在1kW以上的碘钨灯，不可安装一般电灯开关，而应安装开启式负荷开关。

5）碘钨灯安装地点要固定，不宜将它作移动光源使用。装设灯管时要小心取放，尤其要注意避免受振损坏。

6）碘钨灯的安装点离地高度不应小于 6m（指固定安装的），以免产生眩光。

4.6.2　碘钨灯的常见故障及检修方法

碘钨灯的常见故障及检修方法见表4-6。

表4-6　碘钨灯的常见故障及检修方法

故障现象	产生原因	检修方法
通电后灯管不亮	1. 电源电路有断路处 2. 熔丝熔断 3. 灯脚与导线接触不良 4. 开关有接触不良处 5. 灯管损坏 6. 因反复热胀冷缩使灯脚密封处松动，接触不良	1. 检查供电电路，恢复供电 2. 更换同规格熔丝 3. 重新接线 4. 检修或更换开关 5. 更换灯管
灯管使用寿命短	1. 安装水平倾斜度过大 2. 电源电压波动较大 3. 灯管质量差 4. 灯管表面有油脂类物质	1. 调整水平倾斜度，使其在4°以下 2. 加装交流稳压器 3. 更换为质量合格的灯管 4. 断电后，将灯管表面擦拭干净

4.7　其他灯具的安装

4.7.1　节能灯

节能灯从结构上分为紧凑型自镇流式和紧凑型单端式

（灯管内仅含启动器而无镇流器），从外形上分为双管型（单U型）、四管型（双U型）、六管型（三U型）及环管等几种类型。节能灯的寿命是普通白炽灯的10倍，功效是普通灯泡的5~8倍（一只7W的三基色节能灯亮度相当于一只45W的白炽灯），节能灯比普通白炽灯节电80%，发热也只有普通灯泡的1/5。节能灯比白炽灯节约能源并有利于环境保护。节能灯的外形如图4-33所示。

图4-33 节能灯

节能灯不宜在调灯光及电子开关电路中使用，电压过高或过低会影响其正常使用寿命。

4.7.2 高压钠灯

高压钠灯是一种发光效率高、透雾能力强的电光源，广泛应用在道路、码头、广场、小区照明，其结构如图4-34所示。高压钠灯使用寿命长，光通量维持性能好，可在任意位置点燃，耐振性能好，受环境温度变化影响小，适用于室外使用。

高压钠灯的工作电路如图4-35所示。接通电源后，电

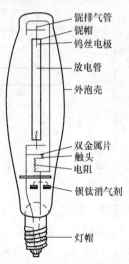

图4-34 高压钠灯结构

流通过镇流器、热电阻和双金属片常闭触头形成通路，此时放电管内无电流。经过一段时间，热电阻发热，使双金属片常闭触头断开，在断开的瞬间，镇流器产生 3kV 的脉冲电压，使管内氙气电离放电，温度升高，继而使汞变为蒸气状态。当管内温度进一步升高时，钠也变为蒸气状态，开始放电而放射出较强的可见光。高压钠灯在工作时，双金属片热继电器处于断开状态，电流只通过放电管。高压钠灯须与镇流器配合使用。

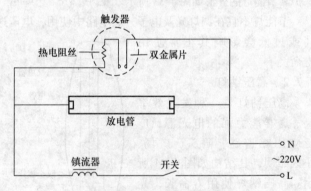

图 4-35　高压钠灯工作电路

4.7.3　氙灯

氙灯是采用高压氙气放电的光源，显色性好，光效高，功率大，有"小太阳"之称，适用于大面积照明。管型氙灯外形及电路如图 4-36 所示。

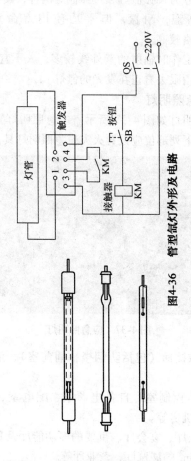

图4-36 管型氙灯外形及电路

氙灯可分为长弧氙灯和短弧氙灯两种，其功率大，耐低温也耐高温，耐振，但平均使用寿命短（500～1000h），价格较高。

氙灯在工作时辐射的紫外线较多，人不宜靠得太近，也不宜直接用眼去看正在发光的氙灯。

4.7.4　应急照明灯

应急照明灯如图 4-37 所示。应急照明灯宜设在墙面或顶棚上。下列部位应设置火灾应急照明灯具：

图 4-37　应急照明灯

1）疏散楼梯（包括防烟楼梯间前室）、消防电梯及其前室。

2）消防控制室、自备电源室、配电室、消防水泵房、防排烟机房等。

3）观众厅、宴会厅、重要的多功能厅及每层建筑面积超过 1500m² 的展览厅、营业厅等。

4）建筑面积超过 200m² 的演播室，人员密集建筑面积超过 300m² 的地下室。

5）通信机房、大型电子计算机房、楼宇自动化系统中央控制室等重要技术用房。

6）人员密集的公共活动场所等。

7）公共建筑内的疏散走道和居住建筑内长度超过 20m 的内走道。

4.7.5　疏散照明灯

疏散照明灯也称安全出口标志灯，如图 4-38 所示。

疏散照明灯具的安装要求如下：

1）安全出口标志灯宜安装在疏散门口的上方，在首层的疏散楼梯处应安装于楼梯口的里侧上方。安全出口标志灯距地高度应不低于 2m。

图 4-38　疏散照明灯

2）疏散走道上的安全出口标志灯可明装，而厅室内应采用暗装。安全出口标志灯应有图形和文字符号，在有无障碍设计要求时，应同时设有音响指示信号。

3）可调光型安全出口灯宜用于影剧院的观众厅。在正常情况下减光使用，火灾事故时应自动接通至全亮状态。

4）疏散照明标志灯应设在安全出口的顶部、疏散走道及其转角处距地 1m 以下的墙面上。

5）疏散照明标志灯位置的确定，还应满足可容易找寻在疏散路线上的所有手动报警器、呼叫通信装置和灭火设备等设施。

6）疏散照明灯具的图形尺寸为

$$b = \sqrt{2}L/100$$

$$l = 2.5b$$

式中　L——最大视距（mm）;

　　　b——图形短边（mm）;

　　　l——图形长边（mm）。

4.7.6　新型 LED 灯

LED 即发光二极管，是当前发展最快，被认为拥有广阔前景的新型光源。

LED 发展初期，主要是作为指示灯和信号灯，在各种仪器仪表、家用电器、音响器材、通信器材中都会看到单个红色和绿色的 LED 指示灯或排列成行的 LED，代替一般指针式仪表作为电平大小的显示。另外在大城市，交通红绿灯也逐步采用 LED 作光源，如图 4-39 所示。

采用 LED 制作的交通红绿灯，外观美观轻盈，使用超薄双重密封结构和全 PC 灯箱体，坚固耐用，横竖安装简便，

图 4-39　交通红绿灯

信号灯芯也可任意变换。这类交通标志具有发光亮度高、寿命长、功耗低、防晒、防雨、防振动等特点，其可视距离大于1000m。可有效起到疏导行驶车辆、降低交通堵塞程度、提高道路通行能力、改善城市交通状况、减少事故发生的作用。

4.8　工地临时照明

在施工现场装设照明灯，要注意以下几点：

1）工地现场照明灯具的安装布局应力求合理，选择合适的照明灯具，使夜间施工现场有足够的亮度，使工作人员有安全感，减少精神疲劳，有利于提高工程质量。同时，在工地现场安装的照明灯要避免眩光。

2）在危险地段，如陡坡、井坑或有障碍物等路道上，要设置警戒标志灯。

3）工地现场架设的灯具，必须安全可靠供电。露天安装的灯具、开关以及配电设备，必须加有防雨淋措施，防止漏电或雨淋灯具后灯泡爆裂。

4）在装设照明、电焊机、电热装置等单相负荷时，要尽量从全局考虑，把单相用电器分别接于三相电源上，以保持三相电源基本平衡，提高供电质量。

施工配电盘线路如图4-40所示。小型防雨配电盘通过四孔插座和四芯橡皮电线，连接到移动工具的现场，并进入防雨的木制箱里。在绝缘板上，装设有总刀开关，刀开关上装设有熔丝。

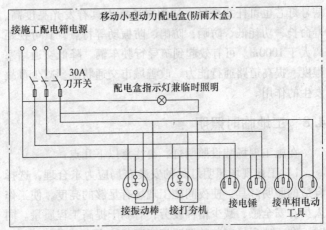

图 4-40　临时施工配电盘线路

4.9　农村临时照明

在农村遇到集会或庆典活动时常常要架设临时用电线路，下面我们介绍快速、正确架设临时线路的方法。

1）在场院架设临时灯时，需先购置灯头以及与灯头配套的灯泡，如 150W 螺口灯泡需配胶壳螺口灯头，也可安装 160W 的自镇流式汞灯灯泡，接线如图 4-41 所示。

接线时把两芯胶织线的一头穿入灯头盖内，然后系一个结以增强灯头吊挂灯泡的拉力，再把线头脱去绝缘层分别接入灯口的接线螺钉上，旋上灯泡，用绝缘塑料带吊在场院的树枝上或架设好的支架上。两芯胶织线的另一头接入一两孔插头上，插入架设在户外的临时配电盘上即

a) 螺口灯泡

b) 自镇流式汞灯灯泡

图4-41 临时照明灯

可。接线时要注意将电源的相线接在灯口内的金属舌头上，零线接在螺口上，以保证用电安全。

2）临时配电盘的架设与安装线路应使用较粗的两芯胶织线，一头接入两孔插头，并把电线用塑料绝缘带固定在绝缘物上架设到高处，引到所需要的地方。电线的长度可根据实际情况确定，中间不要有接头，电线不能放在地下或水泥坑里，以防漏电。电线架设到所需要的地方后应安装临时配电盘，有条件的可直接购置带有开关、电压表、指示灯的系列插座，也可以自己制作。配电盘的电路与布局如图4-42所示。安装好后可把电源的一端插上使配电盘带电，照明灯、录音机、扩音机等可通过配电盘接通电源。如果使用电冰箱及其他功率较大的设备时，还应考虑电线的承载能力以及电气设备的接地等问题。

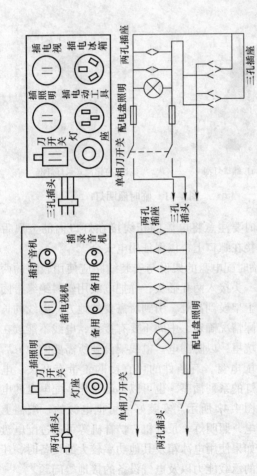

图4-42 临时配电盘电路与布局

第5章

变频器与软起动器

5.1 变频器的安装和使用

变频器是应用变频技术制造的一种静止的频率变换器，它是利用半导体器件的通断作用将频率固定的交流电变换成频率连续可调的交流电的电能控制装置。变频器的外形如图 5-1 所示。

5.1.1 变频器的安装

1）变频器应安装在无水滴、无蒸汽、无油性灰尘的场所。该场所还必须无酸碱腐蚀，无易燃易爆的气体和液体。

图 5-1 变频器的外形

2）变频器在运行中会发热，为了保证散热良好，必须将变频器安装在垂直方向，因变频器内部装有冷却风扇以强制风冷，其上下左右与相邻的物品和挡板必须保持足够的空间。平面安装如图 5-2a 所示，垂直安装如图 5-2b 所示。

3）变频器在运转中，散热片附近的温度可上升到

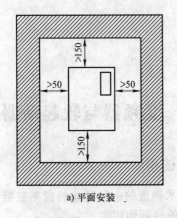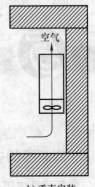

a) 平面安装　　　　　　　　　b) 垂直安装

图 5-2　变频器的安装

90℃，变频器背面要使用耐温材料。

4）将多台变频器安装在同一装置或控制箱里时，为减少相互热影响，建议横向并列安装。必须上下安装时，为了使下部变频器的热量不至影响上部的变频器，应设置隔板等。箱（柜）体顶部装有引风机的，其引风机的风量必须大于箱（柜）内各变频器出风量的总和，没有安装引风机的，其箱（柜）体顶部应尽量开启，无法开启时，箱（柜）体底部和顶部保留的进、出风口面积必须大于箱（柜）体各变频器端面面积的总和，且进出风口的风阻应尽量小，多台变频器的安装示意图如图 5-3 所示。

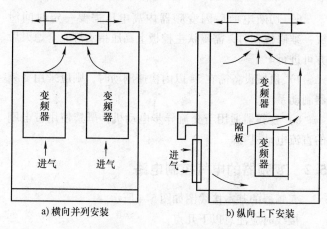

a) 横向并列安装　　　　　　　　b) 纵向上下安装

图5-3　多台变频器的安装

5.1.2　变频器的使用

1）严禁在变频器运行中切断或接通电动机。

2）严禁在变频器 U、V、W 三相输出线中提取一路作为单相电使用。

3）严禁在变频器 U、V、W 输出端子上并接电容器。

4）变频器输入电源容量应为变频器额定容量的 1.5 倍到 500kVA 之间，当使用大于 500kVA 电源时，输入电源会出现较大的尖峰电压，有时会损坏变频器，应在变频器的输入侧配置相应的交流电抗器。

5）变频器内的电路板及其他装置有高电压，切勿以手触摸。

6）切断电源后因变频器内高电压需要一定时间泄放，维修检查时，需确认主控板上高压指示灯完全熄灭后方可进行。

7）机械设备需在1s以内快速制动时，则应采用变频器制动系统。

8）变频器适用于交流异步电动机，严禁使用带电刷的直流电动机等。

5.2　变频器的电气控制电路

变频器的基本接线图如图5-4所示。

接线时应注意以下几点：

1）输入电源必须接到端子R、S、T上，输出电源必须接到端子U、V、W上，若接错，会损坏变频器。

2）为了防止触电、火灾等灾害，并且降低噪声，必须连接接地端子。

3）端子和导线的连接应牢靠，要使用接触性良好的压接端子。

4）配完线后，要再次检查接线是否正确，有无漏接现象，端子和导线间是否短路或接地。

5）通电后，需要改接线时，即使已经关断电源，主电路直流端子滤波电容器放电也需要时间，所以很危险。应等充电指示灯熄灭后，用万用表确认P、N端之间直流电压降到安全电压（DC36V以下）后再操作。

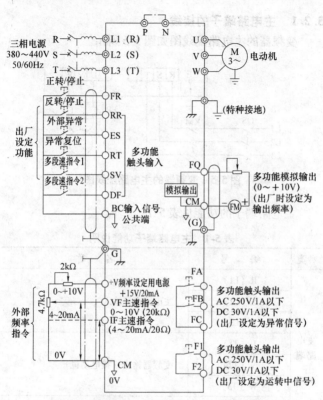

注: 1. 主速指令由参数no42选择为电压（VF）或电流（IF）指令，
　　　出厂时设定为电压（VF）指令。
　　2. +V端子输出额定为+15V、20mA。
　　3. 多功能模拟输出（FQ、CM）为外接频率/电流表用。

图 5-4　变频器的基本接线图

5.2.1　主电路端子的接线

变频器的主电路配线图如图 5-5 所示。

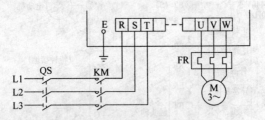

图 5-5　变频器的主电路配线图

主电路端子的功能见表 5-1。

表 5-1　主电路端子功能说明

种类	编　号	名　　　称
主电路端子	R (L1)	主电路电源输入
	S (L2)	
	T (L3)	
	U (T1)	变频器输出（接电动机）
	V (T2)	
	W (T3)	
	P	直流电源端子
	N	

进行主电路接线时，应注意以下几点：

1）主电路端子 R、S、T，经接触器和断路器与电源连接，不用考虑相序。

2）不应以主电路的通断来进行变频器的运行、停止操作。需要用控制面板上的运行键（RUN）和停止键（STOP）来操作。

3）变频器输出端子最好经热继电器再接到三相电动机上，当旋转方向与设定不一致时，要调换 U、V、W 三相中的任意两相。

4）星形联结电动机的中性点绝不可接地。

5）从安全及降低噪声的需要出发，变频器必须接地，接地电阻应小于或等于国家标准规定值，且用较粗的短线接到变频器的专用接地端子上。当数台变频器共同接地时，勿形成接地回路，如图5-6 所示。

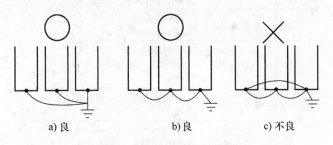

a)良　　　　　　b)良　　　　　　c)不良

图5-6　接地线不得形成回路

5.2.2　控制电路端子的接线

控制电路端子的排列如图5-7 所示。

控制电路端子的符号、名称及功能说明见表5-2。

FR RR ES BC BC RT SV DF VF IF +V CM FO CM F1 F2 FA FB FC

图 5-7　变频器控制电路端子的排列

表 5-2　控制电路端子功能说明

种类	编号	名称	端子功能		信号标准
运转输入信号	FR	正转/停止	闭→正转 开→停止	端子 RR、ES、RT、SV、DF 为多功能端子（no35～no39）	DC24V，8mA 光耦合隔离
	RR	反转/停止	闭→反转 开→停止		
	ES	外部异常输入	闭→异常 开→正常		
	RT	异常复位	闭→复位		
	SV	多段速指令1	闭→多段速指令1有效		
	DF	多段速指令2	闭→多段速指令2有效		
	BC	公共端	与端子 FR、RR、ES、RT、SV、DF 短路时信号输入		
模拟输入信号	+V	频率指令电源	频率指令设定用电源端子		+15 (20mA)
	VF	频率指令电压输入	0～10V/100%频率	no42 = 0 VF 有效	0～10V (20kΩ)
	IF	频率指令电流输入	4～20mA/100%频率	no42 = 1 IF 有效	4～20mA (250Ω)
	CM	公共端	端子 VF、IF 速度指令公共端		
	G	屏蔽线端子	接屏蔽线护套		

（续）

种类	编号	名称	端子功能		信号标准
运转输出信号	F1	运转中信号输出（a触头）	运转中接点闭合	多功能信号输出（no41）	触头容量AC250V，1A以下DC30V，1A以下
	F2				
	FA	异常信号输出 FA—FC（a触头） FB—FC（b触头）	异常时 FA—FC 闭合 FB—FC 断开	多功能信号输出（no40）	
	FB				
	FC				
模拟输出	FQ	频率计（电流计）输出	0～10V/100%频率（可设定 0～10V/100%电流）	多功能模拟输出（no48）	0～+10V 20mA以下
	CM	公共端			

进行控制电路接线时，应注意以下几点：

1）控制电路配线必须与主电路控制线或其他高压或大电流动力线分隔及远离，以避免干扰。

2）控制电路配线端子 F1、F2、FA、FB、FC（触头输出）必须与其他端子分开配线。

3）为防止干扰、避免误动作发生，控制电路配线务必使用屏蔽隔离绞线，如图5-8所示。使用时，将屏蔽线接至端子G。配线距离不可超过50m。

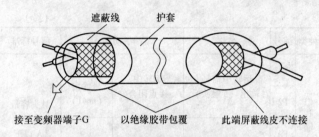

图 5-8　配线用屏蔽隔离绞线

5.3　变频器的实际应用电路

5.3.1　有正反转功能变频器控制电动机正反转调速电路

对于有正反转功能的变频器，可以采用继电器来构成正转、反转、外接信号。有正反转功能变频器控制电动机正反转调速电路如图 5-9 所示。

正转时，按下按钮 SB1，继电器 K1 得电吸合并自锁，其常开触头闭合，FR- COM 连接，电动机正转运行；停止时，按下按钮 SB3，K1 失电释放，电动机停止。

反转时，按下按钮 SB2，继电器 K2 得电吸合并自锁，其常开触头闭合，RR- COM 连接，电动机反转运行；停止时，按下按钮 SB3，K2 失电释放，电动机停止。

事故停机或正常停机时，复位端子 RST- COM 断开，发出报警信号。按下复位按钮 SB4，使 RST- COM 连接，报警解除。

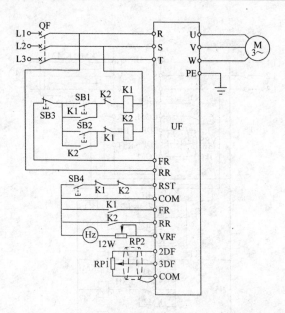

图 5-9 有正反转功能变频器控制电动机正反转调速电路

图 5-9 中 ⓗ (Hz) 为频率表, RP1 为 2W、1kΩ 线绕式频率给定电位器, RP2 为 12W、10kΩ 校正电阻, 构成频率调整回路。

5.3.2 无正反转功能变频器控制电动机正反转调速电路

有些变频器无正反转功能, 只能使电动机向一个方向旋转, 这时采用图 5-10 所示电路可实现电动机正反转运行。

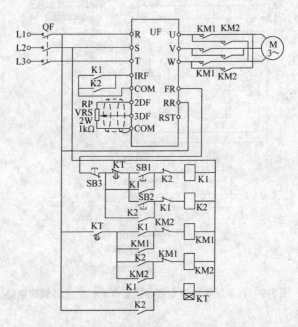

图 5-10　无正反转功能变频器控制电动机正反转调速电路

　　正转时，按下按钮 SB1，中间继电器 K1 得电吸合并自锁，其两副常开触头闭合，IRF- COM 接通，同时时间继电器 KT 得电进入延时工作状态，待延时结束后，KT 常开触头延时闭合，使交流接触器 KM1 得电吸合并自锁，电动机正转运行。

欲要使 M 反转，在 IRF-COM 接通后，变频器 UF 开始运行，其输出频率按预置的升速时间上升至与给定相对应的数值。当按下停止按钮 SB3 后，K1 失电释放，IRF-COM 断开，变频器 UF 输出频率按预置频率下降至 0，M 停转。按下反转按钮 SB2，则反转继电器 K2 得电吸合，使接触器 KM2 吸合，电动机反转运行。

为了防止误操作，K1、K2 互锁。

RP 为频率给定电位器，须用屏蔽线连接。时间继电器 KT 的整定时间要超过电动机停止时间或变频器的减速时间。在正转或反转运行中，不可断开接触器 KM1 或 KM2。

5.3.3 电动机变频器的步进运行及点动运行电路

电动机变频器的步进运行及点动运行电路如图 5-11 所示。此电路中电动机在未运行时点动有效。运行/停止由 REV、FWD 端的状态（即开关）来控制。其中，REV、FWD 表示运行/停止与运转方向，当它们同时闭合时无效。

转速上升/转速下降可通过并联开关来实现在不同的地点控制同一台电动机运行，由 X4、X5 端的状态（按钮 SB1、SB2）确定，虚线即为设在不同地点的控制按钮。

JOG 端为点动输入端子。当变频器处于停止状态时，短接 JOG 端与公共端（CM）（即按下 SB3），再闭合 FWD 端与 CM 端之间连接的开关，或闭合 REV 端与

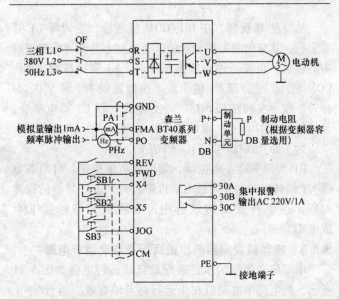

图 5-11　电动机变频器的步进运行及点动运行电路

CM 端之间连接的开关，则会使电动机 M 实现点动正转或反转。

5.3.4　用单相电源变频控制三相电动机电路

变频控制有很多好处，例如，三相变频器通入单相电源，可以方便地为三相电动机提供三相变频电源。其电路如图 5-12 所示。

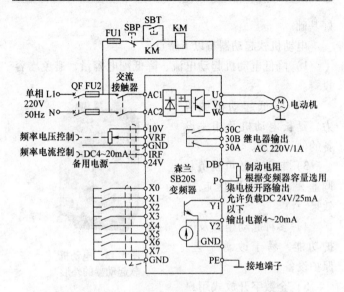

图 5-12 用单相电源变频控制三相电动机电路

5.4 软起动器的特点

电动机软起动器是一种减压起动器，是继星 - 三角起动器、自耦减压起动器、磁控式软起动器之后，目前最先进、最流行的起动器，如图 5-13 所示。它一般采用 16 位单片机进行智能化控制，既能保证电动机在负载要求的起动特性下平滑起动，又能降低对电网的冲击，同时还能直接与计算机实现网络通信控制，为自动化智能控制打下良好基础。

电动机软起动器有以下特点：

1）降低电动机起动电流、降低配电容量，避免增容投资。

2）降低起动机械应力，延长电动机及相关设备的使用寿命。

3）起动参数可视负载调整，以达到最佳起动效果。

4）多种起动模式及保护功能，易于改善工艺、保护设备。

图 5-13　电动机软起动器的外形

5）全数字开放式用户操作显示键盘，操作设置灵活简便。

6）高度集成微处理器控制系统，性能可靠。

7）相序自动识别及纠正，电路工作与相序无关。

5.5　软起动器的电气控制电路

5.5.1　软起动器的主电路连接图

电动机软起动器的主电路连接图如图 5-14 所示。

5.5.2　软起动器的总电路连接图

电动机软起动器的总电路连接图如图 5-15 所示。

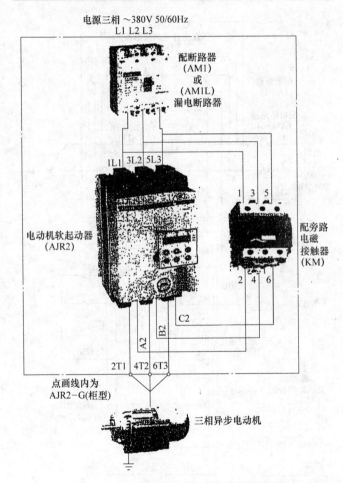

电源三相 ~380V 50/60Hz
L1 L2 L3

配断路器
(AM1)
或
(AM1L)
漏电断路器

1L1 3L2 5L3

1 3 5

配旁路
电磁
接触器
(KM)

2 4 6

电动机软起动器
(AJR2)

C2
B2
A2

2T1 4T2 6T3

点画线内为
AJR2-G(柜型)

三相异步电动机

图 5-14 电动机软起动器的主电路连接图

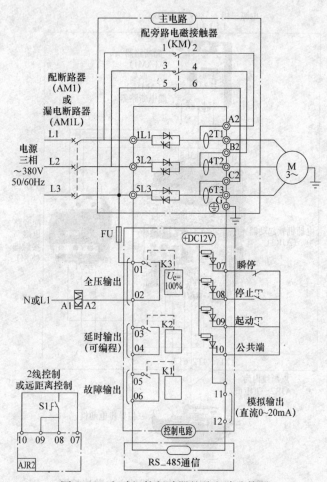

图 5-15 电动机软起动器的总电路连接图

5.6 软起动器的实际应用电路

5.6.1 一台西普 STR 软起动器控制两台电动机电路

一台西普 STR 软起动器控制两台电动机电路如图5-16所示。

用一台软起动器控制两台电动机，并不指同时开机，而是开一台，另一台作备用。

此例是电动机一开一备，这就需要在软起动器外另接一个控制电路（见图5-16）。S 为切换开关，S 往上，则 KM1 动作，为起动电动机 M1 作准备，指示灯 HL1 亮，HL2 灭；S 往下，则 KM1 不工作，KM2 工作，指示灯 HL2 亮，HL1 灭。

电动机工作之前，根据需要切换开关 S，然后在 STR 软起动器的操作键盘上按动 RUN 键起动电动机；按动 STOP 键则停止。JOG 是点动按钮，可根据需要自行设置安装。

5.6.2 一台西普 STR 软起动器起动两台电动机电路

一台西普 STR 软起动器起动两台电动机电路如图5-17所示。

先操作控制电路，让 KM1 吸合，为起动 M1 做好准备，然后按下起动按钮 SB2。因为只有 KM1 吸合后，SB2 才有效，在 KM1 吸合后，旁路接触器 KM3 吸合。时间继电器 KT1 开始延时，延时结束后，KT1 常闭触头断开，切断 KM1。至此，由旁路接触器 KM3 为 M1 供电，而 STR

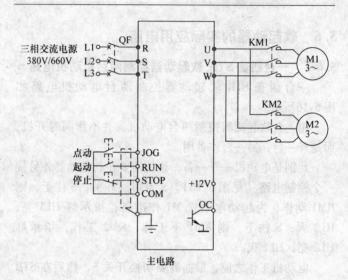

主电路

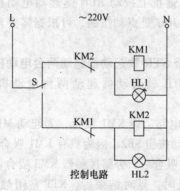

控制电路

图 5-16 一台西普 STR 软起动器控制两台电动机电路

软起动器已退出运行状态。用上述同样方法，起动 M2。

按下控制电路中的 SB1、SB3，则 M1、M2 停止运行。

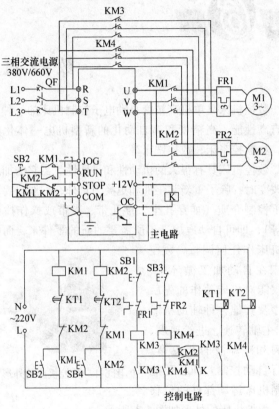

图 5-17　一台西普 STR 软起动器起动两台电动机电路

数控机床

数控机床是单机高精度自动电子控制机床的一种，是具有高性能、高精度和高自动化的新型机电一体化的机床，如数控车床、数控铣床等。

数控机床具有很大的机动性和灵活性。当它的加工对象改变时，除了重新装工件和更换刀具外，一般只要更换一下控制介质（如穿孔卡、穿孔带、磁带或操作拨码开关等），即可自动地加工出所需要的新的零件来，而不必对机床作任何调整。数控机床在自动加工循环中，不仅能对机床动作的先后顺序及其他各种辅助机能（如主轴转速、进给速度、换刀和冷却液的开关等）进行自动控制，而且还能控制机床运动部件的位移量。数控机床的外形如图 6-1 所示。

图 6-1　数控机床的外形

6.1 数控机床的控制原理

数控机床加工零件前，首先编制零件的加工程序，即数控机床的工作指令，将加工程序输入数控装置，再由数控装置控制机床执行机构，按照设置的运动轨迹，使其按照给定的图样要求进行加工，从而加工出合格的零部件。

6.2 数控机床的特点

数控机床的特点之一是，它的程序指令的制作较一般自动机床上采用的凸轮或调整限位开关等要简便得多，因而生产准备时间可大大缩短。

数控机床的另一个特点是它的适应性强。它可以随着加工零件的改变，迅速地改变它的机能。这对于产量小、种类多、产品更新频繁、生产周期又要求短的飞机、宇宙飞船及类似产品研制过程中的高精度、复杂零件的加工，具有很大的优越性。另外，对于同系列中不同尺寸的零件加工，它不需要更换刀具和夹具，只要更换一根穿孔带就可以达到目的。因此，大大提高了机床的利用率。

但是，由于数控机床技术上较复杂、成本又高，所以在目前阶段较适用于单件、中小批量生产中精度要求高、尺寸变化大、结构形状比较复杂，或者在试制中需要多次修改设计的零件加工。

6.3　数控机床的组成

数控机床一般由控制介质、数控装置、伺服系统、测量反馈装置和机床主体组成，其组成框图如图 6-2 所示。

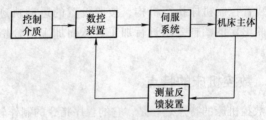

图 6-2　数控机床组成框图

1. 控制介质

在人与数控机床之间建立某种联系的中间媒介称为控制介质，又称为信息载体。控制介质用于记载各种加工零件的全部信息，如零件加工的工艺过程、工艺参数和位移数据等，以控制机床的运动。常用的控制介质有标准的纸带、磁带和磁盘等。

信息按规定的格式以代码的形式存储在纸带上。所谓代码，就是由一些小孔按一定规律排列的二进制图案。每一行代码可以表示一个十进制数、一个字母或一个符号。目前，国际上使用的单位代码有 EIA 代码和 ISO 代码。把穿孔带输入到数控装置的读带机，由读带机把穿孔带上的代码转换成数控装置可以识别和处理的电信号，并传送到数控装置中去。至此，完成了指令信息的输入工作。

2. 数控装置

数控装置是数控机床的核心，由输入装置、控制器、运算器、输出装置等组成。其功能是接收输入装置输入的加工信息，经过数控装置的系统软件或逻辑电路进行译码、运算和逻辑处理后，发出相应的脉冲信号送给伺服系统。

3. 伺服系统

伺服系统的作用是把来自数控装置的脉冲信号转换为机床移动部件的运动，使机床工作台精确定位或按预定的轨迹做严格的相对运动，最后加工出合格的零件。

伺服系统包括主轴驱动单元、进给驱动单元、主轴电动机和进给电动机等。一般来讲，数控机床的伺服驱动系统，要求有好的快速响应性能，以及能灵敏而准确地跟踪指令的功能。现在常用的是直流伺服系统和交流伺服系统，而交流伺服系统正在取代直流伺服系统。

4. 测量反馈装置

测量反馈装置由检测元件和相应的电路组成，其作用是检测速度和位移，并将信息反馈回来，构成闭环控制系统。没有反馈装置的系统称为开环系统。常用的检测元件有脉冲编码器、旋转变压器、感应同步器、光栅和磁尺等。

5. 机床主体

机床主体包换床身、主轴、进给机构等机械部件，此外还有一些配套部件（如冷却、排屑、防护、润滑等装置）和辅助设备（编程机和对刀仪等）。对于加工中心类数控机床，还有存放刀具的刀库、交换刀具的机械手等。

数控机床上使用的刀具如图 6-3 所示。数控机床的主体结构与普通机床相比，在精度、刚度、抗振性等方面要求更高，尤其是要求相对运动表面的摩擦系数要小，传动部件之间的间隙要小，而且其传动和变速系统要便于实现自动化控制。

图 6-3　数控机床上使用的刀具

6.4　数控机床电气故障检修

数控机床控制系统的常见故障及检修方法见表 6-1。

表 6-1　数控机床控制系统的常见故障及检修方法

故障现象	可能原因	检修方法
在执行换刀指令时系统不动作。CRT 显示报警信号	换刀系统机械臂位置检测开关信号为"0"及"刀库换刀位置错误"。通过测试，可编程序控制器的输入信号和输出动作都正常，确定是操作不当。经观察，两次换刀的时间间隔小于规定值	修改设定值

（续）

故障现象	可能原因	检修方法
CRT 无显示	1. 检查 CRT 接线和接插件后，如果有显示	1. 接触不良
	2. 检查 CRT 接线和接插件后，如果仍无显示，则检查其输入。若有视频信号再检查 +24V 电源，如电源有问题	2. 检修 +24V 电源
	3. 检查 CRT 接线和接插件后，如果仍无显示则检查其输入。若有视频信号，再检查 +24V 电源，如电源正常	3. CRT 单元故障
	4. 检查 CRT 接线和接插件后，如果仍无显示，则检查其输入。若无视频信号，则更换 CRT 控制板。换板后，如果有显示	4. CRT 控制板坏
	5. 检查 CRT 接线和接插件后，如果仍无显示，则检查其输入。若无视频信号，则更换 CRT 控制板。换板后，如果仍无显示	5. 主板故障
纸带机 不能正常 输入信息	1. "纸带"方式设定有误	1. 检查更正或重新设定
	2. 纸带机供电异常	2. 检查并接好电源
	3. 纸带损坏或装反	3. 修复后重新安装
步进电动 机失步	升降频曲线不合适，或速度设置过高	修改升降频曲线，降低速度
车螺纹乱牙	I_0 脉冲无输入或 I_0 接反	检查 I_0 信号接法

（续）

故障现象	可能原因	检修方法
显示时有时无或抖动、漂移	由于变频器干扰引起	检查系统接地是否良好，是否采用屏蔽线
加工零件的尺寸不对	1. 自动回零功能不正常	1. 自动回原点功能障碍
	2. 自动回零功能正常，但直线插补功能不正常	2. 直线插补功能障碍
	3. 自动回零功能正常，直线插补功能正常，但圆弧插补功能不正常	3. 圆弧插补功能障碍
	4. 自动回零功能正常，直线插补功能正常，圆弧插补功能正常，但刀补功能不正常	4. 刀补功能障碍
	5. 自动回零功能正常，直线插补功能正常，圆弧插补功能正常，刀补功能正常，但自动换刀功能不正常	5. 自动换刀功能障碍
	6. 自动回零功能正常，直线插补功能正常，圆弧插补功能正常，刀补功能正常，自动换刀功能正常，但回零循环功能不正常	6. 回零循环功能障碍
某数控铣床纵向拖板反向进给失常	1. 将插头 XF 与 Xl、XH 与 XL 同时交换后，如果纵向拖板进给正常	1. 故障转移至横拖板、位置板等控制部分

（续）

故障现象	可能原因	检修方法
某数控铣床纵向拖板反向进给失常	2. 将插头 XF 与 Xl 、XH 与 XL 同时交换后，如果纵向拖板进给不正常，则将 XH 与 XL 复原，YM 与 XM 交换接线后，如果纵向拖板进给不正常	2. Y 轴电动机组件或机械故障
	3. 将插头 XF 与 Xl 、XH 与 XL 同时交换后，如果纵向拖板进给不正常，则将 XH 与 XL 复原，YM 与 XM 交换接线后，如果纵向拖板进给正常	3. 故障转移至横拖板、Y 速度单元
电池报警	电池电压低于允许值	更换电池
CRT 无扫描，不亮	1. 交流供电电源异常 2. 熔断器烧毁 3. 显像管灯丝不亮 4. ±12V 或 ±5V 直流电源异常	1. 恢复供电 2. 更换熔断器 3. 确认无误后，更换 CRT 4. 更换开关电源
CRT 无图像，但其他工作正常	显示部分损坏	更换 CRT 控制板
断路器跳闸	1. 关断电源，按复位开关，再合电源。如果断路器不再跳闸 2. 关断电源，按复位开关，再合电源。如果断路器还跳闸，则检查速度控制板二极管模块。如果损坏短路	1. 无故障，继续工作 2. 更换二极管模块

（续）

故障现象	可 能 原 因	检 修 方 法
断路器跳闸	3. 关断电源，按复位开关，再合电源。如果断路器还跳闸，则检查速度控制板二极管模块。如果正常，则检查与之相关的电解电容器。如果损坏短路	3. 更换电解电容器
	4. 关断电源，按复位开关，再合电源。如果断路器还跳闸，则检查速度控制板二极管模块。如果正常，则检查与之相关的电解电容器。如果没有漏电或短路，则跳过断路器接通电源，如果系统工作正常	4. 更换断路器
	5. 关断电源，按复位开关，再合电源。如果断路器还跳闸，则检查速度控制板二极管模块。如果正常，则检查与之相关的电解电容器。如果没有漏电或短路，则跳过断路器接通电源，如果系统工作仍不正常	5. 伺服单元故障
显示 NOT READY	1. 有报警信号 2. 存储器工作不正常	1. 按报警信号处理 2. 将存储器初始化，再输入系统参数
CRT 有显示，但不能执行 JOG 操作	1. 主机板报警 2. 系统参数设定有误	1. 按报警信号处理 2. 检查更正或重新设定
CRT 只能显示位置画面	MDI 控制板故障	更换 MDI 控制板

电梯设备

7.1 电梯基础知识

7.1.1 电梯的型号

电梯型号的含义如下:

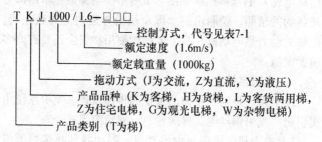

表 7-1 电梯的控制方式代号表

代　号	代表汉字	控制方式
SZ	手、自	手柄开关控制,自动门
SS	手、手	手柄开关控制,手动门
AZ	按、自	按钮控制,自动门
AS	按、手	按钮控制,手动门

(续)

代　　号	代 表 汉 字	控 制 方 式
XH	信号	信号控制
JX	集选	集选控制
BL	并联	并联控制
QK	群控	梯群控制
WJX	微集选	微电脑集选控制

7.1.2　电梯的基本结构

　　电梯可分为直升电梯和自动扶梯，直升电梯（以下简称电梯）的基本结构如图 7-1 所示。电梯最基本的部分是载物的轿厢，轿厢由钢丝绳牵引沿井道内的导轨运行，电梯的动力是电动机，为了电梯的使用和安全还要有许多辅助设施。

1. 曳引系统

　　曳引系统是电梯动力的提供和传递设备。曳引系统由曳引机、曳引钢丝绳、导向轮、反绳轮等组成。

　　1）曳引机。曳引机由电动机、制动器和减速箱等组成，是电梯运行的动力，也是电梯的主要部件之一。电梯的载荷、运行速度等主要参数取决于曳引机的电动机功率和转速。

　　2）曳引钢丝绳。曳引钢丝绳的两端分别与轿厢和对重固定，中间缠绕在曳引轮上，在曳引机的带动下，钢丝绳借助它与曳引轮间的摩擦力传递动力，使轿厢和对重在

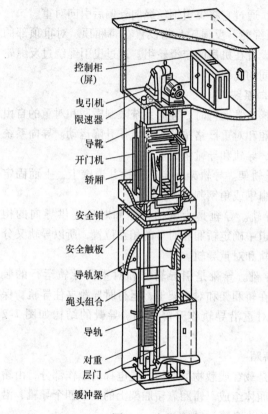

控制柜
（屏）
曳引机
限速器
导靴
开门机
轿厢
安全钳
安全触板
导轨架
绳头组合
导轨
对重
层门
缓冲器

图7-1 电梯的结构

垂直的方向上作相反的升降运动。

3）导向轮。导向轮是安装在曳引机机架或承重梁上的定滑轮，通过它将曳引钢丝绳向外偏后引向对重。

4）反绳轮。反绳轮是指设置在轿厢顶、对重顶部的动滑轮和设置在机房的定滑轮组。通过曳引绳绕过反绳轮可确定不同的曳引比。

2. 导向系统

在电梯正常运行时，导向系统限制轿厢和对重的自由度，使轿厢和对重严格按照垂直线作升降运动。导向系统由导轨架、导轨和导靴组成。

1）导轨架。导轨架固定在电梯井道壁上，上面固定导轨，用扁钢或角钢制成。

2）导轨。导轨是为电梯轿厢和对重提供导向的构件。在井道中确定轿厢和对重的相互位置，所以导轨又分为轿厢导轨和对重导轨。

3）导靴。导靴是引导轿厢和对重沿导轨运行的装置，固定在轿厢架和对重架上，运行时导靴夹住导轨，保证轿厢和对重沿导轨作升降运动。导靴的结构如图 7-2 所示。

3. 轿厢

轿厢是载客或载物的厢体，是电梯的工作部分，由轿厢架和轿厢体组成。轿厢靠轿厢架上的上下四个导靴，沿着导轨作垂直升降运动。

1）轿厢架。轿厢架是固定轿厢体的承重构架，由上梁、立柱、底梁等组成，曳引钢丝绳和导靴都安装在轿厢架上。

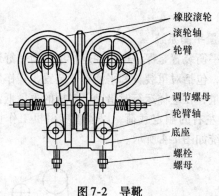

图 7-2　导靴

2）轿厢体。轿厢体是电梯的工作容体，由于载客或载物的不同要求，设计成不同尺寸和不同结构。轿厢体由轿厢底、轿厢壁、轿厢顶和轿厢门组成，一般为封闭式结构。

4. 门系统

电梯上有两重门，随轿厢运动的是轿厢门，装在每个楼层的是层门，在门上有开关机和门锁，在两道门没有关闭时，电梯不能运行。

1）轿厢门。轿厢门是设在轿厢入口的门，由门、门导轨架、轿厢地坎等组成，可分为中分式、双折式、左开门或右开门等多种形式。

2）层门。层门是设在层站入口的门，又称厅门，如图 7-3 所示。层门设有机构，只有当轿厢停稳在某层位置上时，该层门才自动打开，只有门扇关闭后，电梯才能起动。

5. 重量平衡系统

重量平衡装置是保证电梯在运行中平衡和舒适的一个重要装置，包括对重装置和平衡补偿装置，其作用在于平衡轿厢重量，在电梯运行时借助于对重的重量抵消轿厢自重及 50% 左右的额定载荷，以改善曳引机工作性能。重量平衡系统如图 7-4 所示。

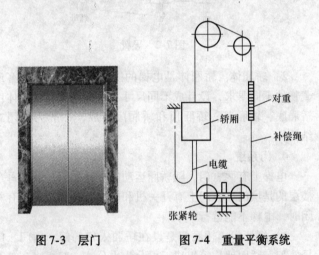

图 7-3　层门　　　　图 7-4　重量平衡系统

1）对重。对重由对重架和对重块组成，其重量与轿厢满载时的重量成一定比例。对重装置由曳引绳经曳引轮与轿厢相连接，对重与轿厢作相反运动，一升一降，当轿厢升至顶端时对重到达底端。

2）平衡补偿装置。平衡补偿装置用于在高层电梯中，补偿轿厢与对重侧曳引绳长度变化对电梯平衡设计的影响。平衡补偿装置悬挂在对重和轿厢的下面，在电梯上下运行时，其长度的变化正好与曳引绳相反，这样就起到平衡的补偿作用，保证对重起到相对平衡的作用。

6. 电力拖动系统

电力拖动系统由曳引电动机、速度控制装置和供电系统组成。

1）曳引电动机。曳引电动机是电梯的动力源。交流电梯用交流电动机，直流电梯用直流电动机。

2）速度控制装置。速度控制装置在交流调速电梯和直流电梯中，为调速装置提供电梯速度信号，一般安装在曳引电动机尾部。

3）供电系统。供电系统是为电梯的电动机提供电源的装置，电梯的电力要专线专供。

7. 电气控制系统

电梯的运行状态控制由电气控制系统实行操纵和控制，由操纵装置、位置显示装置、选层器等组成。

1）操纵装置。操纵装置对电梯的运行实行操纵，即轿厢内的按钮操纵箱或手柄开关箱和厅门口的召唤按钮箱。

2）位置显示装置。位置显示装置以灯光数字显示电梯所在楼层，以箭头显示电梯运行方向。

3）选层器。选层器安装在机房内，是模拟电梯运行状态，向电气控制系统发出相应电信号的装置。用于客梯电气控制系统的选层器具有楼层指示器的功能外，还具有自动消除轿厢内指令登记信号，根据内外指令登记信号，自动确定电梯的运行方向，到达预定停靠站时提前一定距离向控制系统发出减速信号和提前开门信号，有的还能发出到站平层停靠信号等功能。

8. 安全保护系统

为了保证电梯运行安全，在电梯上装了多种安全保护装置，主要有限速器、安全钳、缓冲器、端站保护装置等。

1）限速器。限速器检测电梯运行速度，当电梯运行超速时，限速器可以带动安全钳对轿厢进行减速制动。

2）安全钳。安全钳是一套轿厢向下运行的制动装置，安装在轿厢架和对重架的两侧，夹持住导轨。安全钳能接受限速器操纵，以机械动作，将轿厢强行制停在导轨上。

3）缓冲器。缓冲器是放在电梯井道底坑中的弹簧或液压件，是电梯极限位置的安全装置。当电梯超越底层时，轿厢或对重撞击缓冲器，由缓冲器吸收或消耗电梯的能量，从而使轿厢或对重安全减速直至停止。

4）端站保护装置。端站保护装置是一组防止电梯超越上、下端站的开关，能在轿厢或对重碰到缓冲器前，切断总电源。

自动扶梯又称滚梯，主要用于连续运送大量的人流，由驱动装置、梯级、扶手装置、牵引链条、梯路导轨系统等部分组成，如图 7-5 所示。

图 7-5　自动扶梯

7.2　电梯的使用和运行

7.2.1　电梯的使用

电梯停靠的楼层叫做层站，每层楼都可以有一个层站，在每个层门侧面设有呼叫按钮，如图 7-6 所示。按呼叫按钮请求电梯停靠并示明运行方向，按钮内有指示灯。层门上方有电梯运行显示，显示轿厢所在楼层及运行方向。

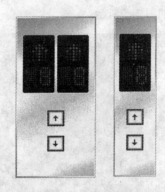

图 7-6　呼叫按钮

进入轿厢后，轿厢门侧有按钮操纵箱，使用按钮选择目的楼层，轿厢门自动开闭，但也可以通过按钮开、关门。电梯能准确地在指令登记的层站平层，平层后自动开门，并在平层时消去该层站的指令响应灯。按钮箱上可以显示电梯运行方向及当前停靠楼层，并设有紧急开关、照明开关、报警开关等控制开关。按钮操纵箱如图 7-7 所示。

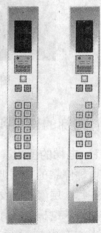

图 7-7　按钮操纵箱

7.2.2 电梯紧急事故处理

1. 电梯运行中突然停车

电梯在行驶中突然发生停车时，轿厢内人员应保持镇静，切勿盲目行动打开轿厢。应先用警铃、电话等联系设备通知维修人员，由维修人员在机房设法移动轿厢至附近层门口，再由专职人员进行处理。

电梯运行中突然停车，轿厢处于平层区域时，操作人员应将安全开关断开，用人力打开轿厢门和层门，让乘客撤离。

若轿厢停在两层楼之间的位置时，操作人员应配合维修人员采取以下紧急措施：

1）告知轿厢内的人员，保持镇静。

2）切断总电源开关。

3）维修人员在机房盘车时应由两人以上严格按紧急盘车操作程序进行。一人将摇手柄装在电动机轴的方头上，握住它并缓慢转动。有的电梯在电动机轴上装有飞轮，而不用摇手柄，则直接用手转动飞轮来移动轿厢，另一人使用专用的工具来放松制动器。

4）两人配合工作，摇转手柄时，放松制动器。不摇转手柄时，加上制动器，将轿厢谨慎移出最近的方便出口。采用手动开门时，可将轿厢移到门正常开启处，在用力开启时，要注意可能有使轿厢门和层门分别打开的特殊装置。

5）在开门时，要确保曳引机处在制动状态，轿厢移动到位后，要将手柄拆下。

6）故障未完全排除时，切勿使用电梯。

2. 电梯安全钳动作

如遇电梯安全钳动作，操作人员应用报警装置或电话通知维修人员，看是否可用慢速将电梯向上开至就近层站，撤离乘客后检修。如无法向上开，且用手轮也无法移动轿厢时，操作人员应首先将安全开关断开，而后，如在平层区域可用人力打开轿厢门和层门，将乘客撤离轿厢，如不在平层区域，则打开安全窗，由维修人员打开相应的层门，采取安全保护措施后组织乘客有秩序地撤离。

3. 电梯发生严重的冲顶和撞底

如果电梯因某些原因失去控制或发生超速而无法控制，按下安全开关或急停按钮也无法停止时，乘客应保持镇静，切勿打开轿厢门企图跳出轿厢。如时间允许，可以手扶轿壁，提起脚跟，膝盖弯曲以减小轿厢冲顶或撞底带来的冲击力。当电梯的各安全装置自动发生作用使电梯停止后，乘客可以有序撤离。

7.3　电梯的保养、维护和检修

7.3.1　电梯的经常性巡视

电梯的经常性巡视内容包括：

1）检查曳引电动机的油色、油位、温升、声音是否正常，有无噪声和异味，有无振动和漏油，做好电动机外部卫生。曳引机的外形如图 7-8 所示。

2）检查减速器油位、油色，测试减速器外部温度，听齿轮摩擦声是否正常、有无噪声和异味、有无振动和漏油。

3）各种指示仪表的指示是否正确，各接触器、继电器动作是否正常，有无异味及异常声响。

4）变压器、电阻器、电抗器温度是否正常，有无过热现象和过热痕迹。

图7-8　曳引机的外形

5）制动器线圈是否过热，制动器绳轮上有无油污。

6）制动时闸瓦与制动轮接触是否平衡，有无剧烈跳振和颤动。

7）闸瓦有无断裂、磨损后余量是否超限。

8）电动机集电环和发电机换向器接触情况是否正常，有无火花，转动有无异常声响和振动。

9）注意检查曳引钢丝绳有无断丝绳股，并做好记录。

10）检查轿顶轮、导向轮和对重轮的转动情况，绳头装置是否滑动。

11）限速器和安全钳的连接以及润滑情况是否正常。

12）控制柜中各开关接触点是否良好。

13）机房温度、清洁情况。机房内不准堆放易燃、易爆和腐蚀性物品，消防器材齐全好用，并应保持机房内清洁卫生。

14）机房电话应畅通。照明良好，指示、标示牌准确无误。盘车轮、开闸板子应固定悬挂于明显位置。

7.3.2　电梯的例行检查

例行检查是定期对电梯用看、摸、听、嗅等方法对电梯外观的检查保养方法。具体项目和检查内容见表7-2。

表7-2　电梯的例行检查项目和内容

项　目	具 体 内 容
轿厢和各层层门按钮及指示灯	检查各按钮外观正常，触头正常，按钮动作灵活，指示灯外形无损坏，灯泡无烧坏
层门及门套情况	层门及门套清洁无变形，上下间隙一致，指示灯正常，开关门灵活，无碰撞杂音，速度合适
轿厢装置与照明	轿厢无变形，轿壁无损；轿内照明正常，紧急照明正常；超载指示、警铃及通信设施正常，风扇正常
机房状态检查	门及门锁合格，机房内有足够照明，通风防尘设备完好，无漏雨现象；各控制框内设备运行正常；制动器灵活可靠，闸瓦无油污；减速箱油适量、无污染、无漏油；限速器转动灵活，无异常声响；曳引轮槽与钢丝绳接触正常不打滑；盘车工具齐全并挂在明显处；机房内应急照明正常
主电路接触器	检查触头烧蚀情况，触头间隙、接触情况正常

（续）

项 目	具 体 内 容
轿顶检查	36V检视灯工作应正常，各操作开关有效；轿厢门及各层门导轨、地坎滑槽清洁、无油渍，轿顶清洁无杂物
底坑状态检查	照明正常，急停开关有效，无积水和垃圾。缓冲器工作正常，各限位开关碰轮转动正常；张绳轮离地距离合适，超载装置动作有效
运行状态	电梯运行时，各部分无不正常声响

7.3.3 电梯的定期保养

1. 周保养

周保养的内容包括：

1）检查抱闸间隙，要求两侧闸瓦同时松开，间隙小于0.7mm且间隙均匀，间隙过大时应予调整，紧固连接螺栓。

2）检查各主要安全装置的工作情况，发现问题及时处理。

3）检查并调整电梯的平层装置。

4）检查曳引、安全、极限开关及钢丝绳的工作和连接情况是否正常。

5）检查轿厢内各项设备的完好性和可靠性。轿厢的外形如图7-9所示。

2. 月保养

月保养的内容包括：

1) 对电梯的减速器和各安全保护装置作一次仔细的检查，发现问题及时处理。

2) 检查井道设施和自动门机构。

图 7-9　轿厢的外形

3) 检查轿厢顶轮、导向轮的滑动轴承间隙。

4) 对各润滑部位进行一次检查，进行加油或补油。

3. 季保养

季保养的内容包括：

1) 对电梯的各传动部分（曳引机、导向轮、曳引绳、轿厢顶轮、导靴、门传动系统）进行全面检查，并进行必要的调整与维修。

2) 对各安全装置（电磁制动器、限速器、张紧装置、安全钳等）进行必要的调整。

3) 对电气控制系统（接触器、继电器、熔断器、行程开关、电阻器等元件及接线端子）进行工作情况检查，清除各元件上的灰尘和油污。

4. 年保养

年度保养是对电梯进行全面的综合性检查、修理和调整，对电梯的机械、电气、各安全装置的现状、主要零部件的磨损情况进行详细检查，修配或调换老化失效、严重磨损、平时不易更换或因疲劳而降低性能的部件，并测量电器的绝缘电阻值和接地装置的接地电阻值，结合年检对电梯的供电线路进行检查、修复、改造，使电梯有一个良好的状态。

7.3.4 电梯的常见故障及排除方法

电梯的常见故障及排除方法见表7-3。

表7-3 电梯的常见故障及排除方法

故障现象	可能的原因	排除方法
电梯不能关门	1. 关门按钮接触不良 2. 门电动机或关门继电器损坏 3. 关门限位开关损坏或未复位 4. 关门安全触板位置不当 5. 关门继电器线圈串接的触头接触不良 6. 关门指令继电器串接的常闭触头未接通 7. 门机系统皮带打滑	1. 修整触头或更换按钮 2. 检修或更换门电动机或关门继电器 3. 更换限位开关 4. 调整触板 5. 修理触头 6. 检修有关电气线路或修整触头 7. 调换或张紧门机系统皮带
电梯不能开门	1. 关门继电器不吸合，开门继电器常吸合，开门终端限位开关不断开 2. 光电、机械安全触板开关接触不良 3. 开门按钮没复位 4. 关门接触器不释放 5. 开门电动机损坏	1. 修复开、关门终端限位开关，检查修理或更换开、关门继电器 2. 检查修理安全触板开关 3. 修理开门按钮，使其灵活无阻滞 4. 修理关门接触器，使其自动释放 5. 检修开门电动机

（续）

故障现象	可能的原因	排除方法
电梯不能选择要去的层站	1. 电梯处于检修状态 2. 选层定向线路有断路处 3. 选层按钮接触不良 4. 选层器上该层记忆消号触头接触不良	1. 检修开关未复位，应恢复 2. 将断路或接触不良处修复 3. 修理触头或更换按钮 4. 修磨触头，清理积垢
电梯突然停止运行	1. 供电电源停电 2. 控制电源熔丝熔断或控制开关跳闸 3. 门刀碰住门滚轮使钩子锁断开，引起控制电路断电 4. 安全开关动作 5. 平层感应器干簧管触头烧死，表现为一换速就停车	1. 检查停电原因，若停电时间过长，可采取解救措施 2. 更换电源熔丝 3. 调整门刀与门滚轮位置 4. 查明故障原因，排除后方可恢复 5. 更换干簧管
电梯冲顶或撞底	1. 端站减速磁性开关失灵 2. 平衡系数不匹配	1. 更换端站减速磁性开关 2. 对于新安装的电梯出现冲顶或撞底故障时，应核查供货清单的对重数量以及每块的重量，同时做额定载重的运行试验和超载试验

（续）

故障现象	可能的原因	排除方法
电梯冲顶或撞底	3. 钢丝绳与曳引轮绳槽严重磨损或钢丝绳外表油脂过多 4. 制动器闸瓦间隙太大或制动器弹簧的压力太小 5. 上、下极限开关位置装配有误 6. 上、下极限开关动作不灵或损坏	3. 如果磨损严重，应更换绳轮和钢丝绳，如果未磨损，应清洗绳槽和钢丝绳 4. 检查制动器工作状况，调整闸瓦间隙 5. 调整上、下极限开关位置 6. 更换上、下极限开关
电梯平层误差过大	1. 轿厢过载 2. 制动器未完全松闸或调整不当 3. 制动器制动带严重磨损 4. 平层传感器与隔磁板相对位置不当	1. 严禁超载 2. 调整制动器 3. 更换制动带 4. 调整平层传感器与隔磁板相对位置
电梯只能上行，不能下行	1. 下行机械缓速开关接触不良 2. 下行方向接触器线圈串接的触头接触不良	1. 修整触头或更换行程开关 2. 修整触头，使其接触良好
电梯运行中不应答与运行方向一致的厅外召唤信号	1. 轿底满载开关误动作 2. 轿厢内操纵箱上的专用开关或控制屏上的专用开关未断开 3. 电脑印制板中的软件系统出现"封锁"信号	1. 检查或更换轿底开关 2. 断开操纵箱或控制屏上的专用开关 3. 用专用分析仪检查软件指令是否失落某条指令，如有此问题则应重写EPROM中的程序指令

（续）

故障现象	可能的原因	排除方法
电梯只能在上、下两端站停车	1. 中间层站的上、下行减速磁性开关或光电开关损坏 2. 软件选层器无超前步进信号	1. 更换损坏的开关 2. 重写 EPROM 中程序指令
电梯下行时突然掣停	1. 限速器失效 2. 限速器钢丝绳松动 3. 导轨直线度偏差与安全钳楔块间隙过小，引起摩擦阻力，致使误动作	1. 更换限速器 2. 更换钢丝绳，并调整其张紧力，确保运行中无跳动 3. 去除污垢并加油润滑，保证运转灵活
电梯关门后不能运行	1. 内外门锁电气触头未接通 2. 运行方向接触器不工作 3. 安全保护电路不通	1. 检查和清洁门锁电气触头 2. 检修各接触器 3. 检查安全保护电路并修复
电梯运行时，轿厢内听到有摩擦声或碰击声	1. 由于平衡链和补偿绳装配位置不妥，造成擦碰轿壁 2. 轿顶与轿壁、轿壁与轿底、轿架与轿顶、轿架下梁与轿底之间防振消音装置脱落 3. 平衡链与下梁连接处未加减振橡皮予以消音或连接处未加隔振装置	1. 调整平衡链和补偿绳的装配位置，使其适当 2. 检查各防振消音装置，并调整、更换橡皮垫块 3. 检查轿厢下梁悬挂平衡链的隔振装置连接是否可靠，若松动或已损坏应更换

（续）

故障现象	可能的原因	排除方法
电梯运行时，轿厢内听到有摩擦声或碰击声	4. 随行电缆未消除应力，产生扭曲，容易擦碰轿壁 5. 导靴与导轨间隙过大 6. 导靴有节奏性地与导轨拼接处擦碰或有其他异物擦碰 7. 导靴靴衬严重磨损 8. 滚轮式导靴轴承磨损 9. 导轨润滑不良 10. 轿厢壁等部分固定螺栓松动 11. 安全钳拉杆防晃器与导轨摩擦	4. 检查随行电缆，若扭曲，应垂直悬挂以消除应力 5. 调整导靴与导轨间隙 6. 更换导靴衬垫，清除异物 7. 更换靴衬 8. 更换轴承 9. 清洗导轨或加润滑油 10. 紧固螺栓 11. 调整防晃器
主熔丝经常烧断	1. 熔丝容量小、压接松、接触不良 2. 极限开关或电源总开关动、静触头接触不良 3. 电梯起动、制动时间过长 4. 电动机发生故障 5. 制动器打不开	1. 选择适当的熔丝，并压好、压牢 2. 检查修理或更换 3. 调整起动、制动时间 4. 检查修理 5. 检查修理
个别信号灯不亮	1. 灯丝烧断 2. 电路接点断开或接触不良	1. 更换灯泡 2. 检查电路，紧固接点

（续）

故障现象	可能的原因	排除方法
轿厢门或层门有麻电感	1. 电路漏电 2. 轿厢门或层门接地线断开或接触不良 3. 接零系统零线或重复接地线断开	1. 检查电路绝缘电阻，其阻值不应低于0.5MΩ 2. 检查接地线接地电阻，其阻值不应大于4Ω 3. 检查并接好
关门时夹人	1. 安全触板微动开关接触不良，使电枢两端电压高且不能改变 2. 微动开关短路 3. 安全触板传动机构损坏	1. 排除故障或更换微动开关 2. 检查电路，排除短路点 3. 更换损坏零件
电梯起动困难，运动速度降低	1. 制动器未打开或松闸间隙小 2. 电源电压太低或断相 3. 电动机发生故障 4. 导靴位置不垂直 5. 减速器润滑不良或蜗杆副径向间隙小产生胶合现象 6. 导轨松动，导轨接头处发生错位，阻力增大甚至导靴不能通过	1. 检查调整制动器 2. 检查电源接点及电压。紧固各触头，电压不超过规定值±10% 3. 检查电动机 4. 检查调整导靴 5. 按规定加注润滑油，或调整轴承 6. 校正导轨

弱 电 系 统

8.1 有线电视系统

有线电视也叫电缆电视（CATV），它是相对于无线电视而言的一种新型电视传播方式，是从无线电视发展而来的。有线电视较无线电视具有容量大，节目套数多，图像质量高，不受无线电视频道拥挤和干扰的限制，又有开展多功能服务的优势，深受广大用户的喜爱。

8.1.1 有线电视系统的组成

有线电视系统原理图如图 8-1 所示。有线电视系统主要由三部分组成，即前端信号源接收与前端设备系统（简称前端系统）、干线传输系统和分配系统组成。

1. 前端系统

前端系统是有线电视系统最重要的组成部分之一，这是因为前端信号质量不好，则后面其他部分是难以补救的。

前端系统主要功能是进行信号的接收和处理。这种处理包括信号的接收、放大、信号频率的配置、干扰信号的

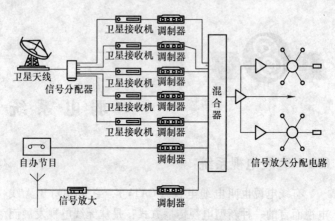

图8-1 有线电视系统原理图

抑制、信号频谱分量的控制、信号的编码等。对于交互式电视系统还要有加密装置、PC 管理和调制解调设备等。

2. 干线传输系统

干线传输系统的功能是控制信号传输过程中的衰变程度。干线放大器的增益应正好抵消电缆的衰减，既不放大也不减小。

干线设备除了干线放大器外，还有电源，电流通过型分支器、分配器，干线电视电缆等。对于长距离传输的干线系统还要采用光缆传输设备，即光发射机、光分波器、光合波器、光接收机、光缆等。

3. 分配系统

分配系统的功能是将电视信号通过电缆分配到每个用

户，在分配过程中需保证每个用户的信号质量，即用户能选择到所需要的频道和准确无误地解密或解码。对于双向电缆电视还需要将上行信号正确地传输到前端。

分配系统的主要设备有分配放大器、分支分配器、用户终端和机上变换器。对于双向电缆电视系统还有调制解调器和数据终端等设备。

8.1.2 有线电视使用的器材

1. 光缆与电缆

光缆与电缆均是有线电视系统的主要传输线，目前主要采用光缆与电缆混合传输的有线电视系统。

2. 分支器

分支器通常用于较高电平的馈电干线中，它能以较小的插入损耗从干线中取出部分信号供给住宅楼或用户，即通过分支器将电视信号中一小部分从分支端输出，大部分功率继续沿干线传输。按支路数的不同，分支器有一分支器、二分支器、三分支器和四分支器等多种。

3. 分配器

分配器把主路信号分成两路和多路电平相等的支路输出，所以分配器是在干线和支线的末端。分配器有二分配器、三分配器、四分配器等多种。

4. 用户终端盒

用户终端盒是有线电视系统与用户电视机相连的部件。用户终端盒上有一个进线口，一个用户插座。用户插座有时是两个插口，其中一个输出电视信号，接用户电视机；另一个是 FM 接口，用来接调频收音机。

8.1.3　有线电视连接与卫星接收

有线电视连接与卫星接收见表 8-1。

表 8-1　有线电视连接与卫星接收

名称	图示	说明
75Ω 同轴电缆线	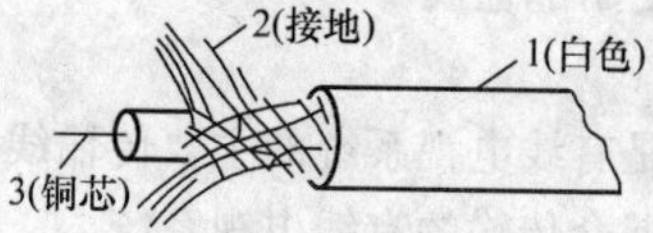 2(接地)　1(白色) 3(铜芯) 1—外皮　2—屏蔽线　3—信号线	1. 根据电视机位置，确定用线总长度 2. 根据线材的明敷或暗敷方式敷线 3. 安装连接插座，屏蔽线接"地"
分支器	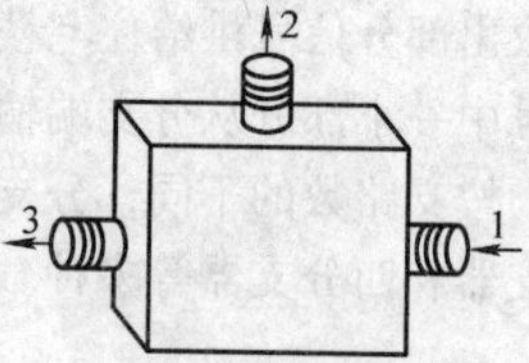	图中"1"为来自上一用户的有线总线，"3"为送至下一用户的有线总线，"2"为送至用户室内的有线总线
分配器	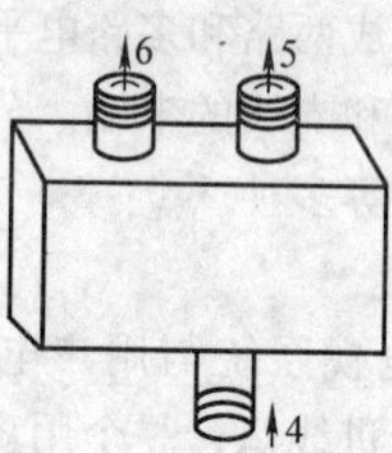	图中"4"连接室内总线，"5"、"6"分别接电视机 A 和电视机 B

（续）

名称	图示	说明
用户盒	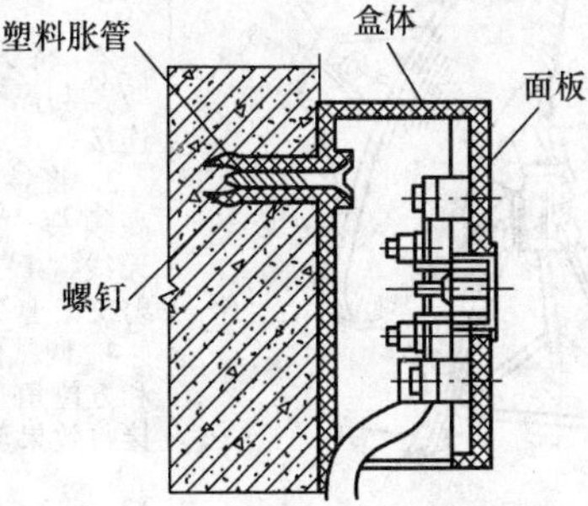	用户盒的安装高度应与室内电源插座齐平且靠近插座。电视机和用户盒的连接采用特性阻抗为75Ω的同轴电缆，长度不宜超过3m
连接插头插座	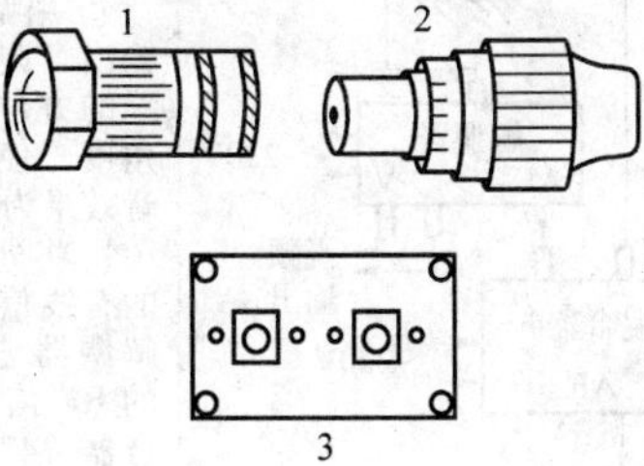	1. 图中"1"为全金属针式螺纹连接头，与分配器、放大器进行第一次连接 2. "2"为塑料插头式连接头，一般与壁座和电视机进行第一次连接 3. "3"为室内总线终端的接线壁座，信号线接座芯，屏蔽线接座芯"地"

（续）

名称	图示	说明
卫星接收天线	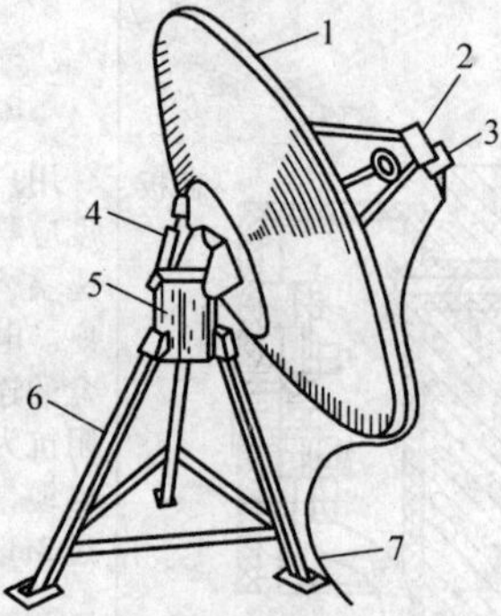	1. 先固定支架"6" 2. 将天线馈线"7"与高频头"3"连接 3. 将馈源"2"、高频头"3"装在天线"1"中心反射支架上 4. 调试仰角"4"和方位角"5"，使接收效果至最佳
有线电视与卫星天线接收安装	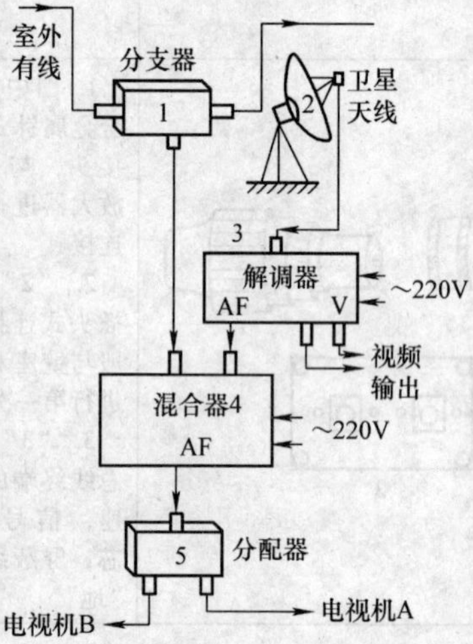	1. 安装室外分支器"1"和卫星接收天线"2" 2. 连接卫星天线与解调器"3" 3. 用解调器 AV 输出，调整卫星天线的方位角度、仰角度，使图像、声音效果为最佳 4. 将分支器"1"的有线信号与卫星解调器"3"提供的 RF 信号送入混合器"4" 5. 将混合器输出的 RF 信号经分配器"5"输出，供电视机 A、B 使用

8.2 电话系统

电话系统是一对一的，两部电话要想通话，就必须拥有唯一的一条电话线。因此电话系统中导线的数量非常多，有一部电话机就必须有一条电话线。

与电话机连接的是电话交换机。如果与交换机连接的是一个小的内部系统，这台交换机被称为总机，与它连接的电话机被称为分机。要拨打分机需要先拨总机号，再拨分机号。

交换机之间的线路是公用线路，由于各部电话不会都同时使用线路，因此公用线路的数量要比电话机的门数少得多，一般只有电话机门数的10%左右。由于这些线路是公用的，就会出现没有空闲线路的情况，这就是占线。

如果建筑物内没有交换机，那么进入建筑物的就是直接连接各部电话机的线路，建筑物内有多少部电话机，就需要有多少条线路引入。电话系统原理图如图8-2所示。

8.2.1 电话通信线路的组成

电话通信线路从进户管线一直到用户出线口，一般由进户管线、交接设备或总配线设备、上升电缆管线、楼层电缆管线和配线设备等几部分组成。

1. 进户管线

进户管线又分为地下进户和外墙进户两种方式。

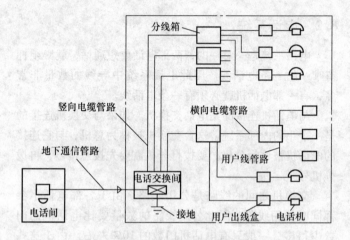

图 8-2　电话系统原理图

1) 地下进户。这种方式是为了美观要求而将管线转入地下。如果建筑物设有地下层，地下进户管直接进入地下层，采用进户直管。如果建筑物没有地下层，地下进户管只能直接引入设在底层的配线设备间或分线箱，这时采用进户弯管。

2) 外墙进户。这种方式是在建筑物二层预埋进户管至配线设备间或配线箱内，适合于架空或挂墙的电缆进线。

2. 交接设备或总配线设备

交接设备或总配线设备是引入电缆进户后的终端设

备，有设置与不设置用户交换机两种情况。如设置用户交换机，则采用总配线箱或总配线架；如不设用户交换机，则常用交接箱或交接间。交接设备宜装在建筑物的一、二层，如有地下室，且较干燥、通风，也可考虑设置在地下室。

3. 上升电缆管路

上升电缆管路有上升管路、上升房和竖井三种类型。

4. 配线设备

配线设备包括电缆、电缆接头箱、过路箱、分线箱（盒）、用户出线盒等。

8.2.2 系统使用的器材

1. 电缆

电话系统的干线使用电话电缆，室外埋地敷设用铠装电缆，架空敷设用钢丝绳悬挂电缆或自带钢丝绳的电缆，室内使用普通电缆。常用电缆有 HYA 型综合护层塑料绝缘电缆和 HPVV 型铜芯全聚氯乙烯电缆。电缆的对数从 5 对到 2400 对，线芯直径为 0.5mm、0.4mm。

2. 电话线

电话线是连接用户电话机的导线，通常是 RVB 型塑料并行软导线或 RVS 型双绞线，要求高的系统用 HPW 型并行线。

3. 分线箱

电话系统干线电缆与进户连接要使用电话分线箱。电话分线箱按要求安装在需要分线的位置，建筑物内的分线箱暗装在楼道中，高层建筑物安装在电缆竖井中，分线箱的规格为 10 对、20 对、30 对等，可按需要选用。

4. 用户出线盒

室内用户安装暗装用户出线盒，出线盒面板规格与开关插座面板规格相同。用户室内可用 RVB 型导线连接电话机接线盒。出线盒面板分为单插座及双插座，面板上为通信设备专用插座，要使用专用插头与之连接。使用插座型面板时，导线直接接在面板背面的接线螺钉上。

8.2.3　电话线与宽带网的安装

电话线与宽带网的安装见表 8-2。

8.3　火灾自动报警控制系统

8.3.1　火灾自动报警控制系统的主要构成

将火灾自动报警装置和自动灭火装置按实际需要有机地组合起来，配以先进的通信、控制技术，就构成了火灾自动报警控制系统。火灾自动报警控制系统实物示意图如图 8-3 所示。

火灾自动报警控制系统主要由探测、报警和控制三部分组成。

1. 火灾探测部分

火灾探测部分主要由火灾探测器组成，是火灾的检测元件。火灾探测器通过对火灾现场在火灾初期发出的烟雾、燃烧气体、温升、火焰等的探测，将探测到的火情信号转化为火警电信号，然后送入报警系统。

表 8-2 电话线与宽带网的安装

名称	图　示	说明
电话电缆布线	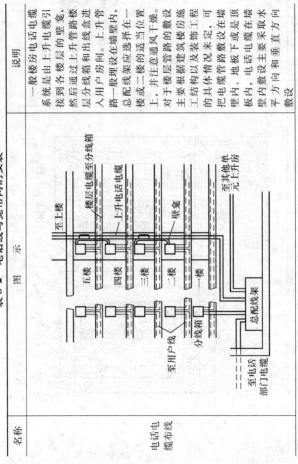	一般楼房电话电缆引入系统是由上升电缆引接到各楼层的壁龛,然后通过上升管路楼层分线箱和出线盒进入用户房间。上升管路一般埋设在墙壁内,总配线架应选择适当位置或二楼的适当风干燥楼。对于楼层管路的敷设主要根据建筑楼房施工结构以及装修工程的具体情况来定,可把电缆管路敷设在墙壁内,地板下或是顶板内,电话电缆在墙壁内敷设主要取水平方向和垂直方向敷设

图中标注:
- 至上楼
- 楼层电缆至分线箱
- 上升电话电缆
- 壁龛
- 至其他单元上升房
- 五楼
- 四楼
- 三楼
- 二楼
- 一楼
- 至用户线
- 分线箱
- 总配线架
- 至电话部门电缆

（续）

名称	图示	说明
壁龛内部的电缆布置	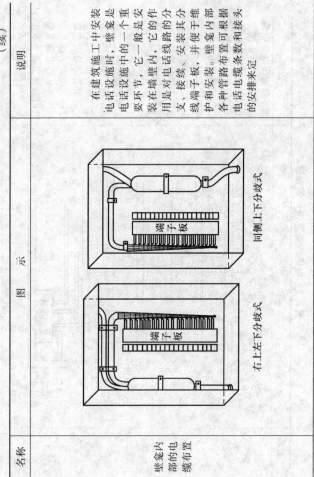 右上左下分歧式　　同侧上下分歧式	在建筑施工中安装电话设施时，壁龛是电话设施中的一个重要环节，它一般是安装在墙壁内，它的作用是对电话线路的分支、接续、安装其分线端子板，并便于维护和安装。壁龛内部各种管路布置可根据电话电缆条数和接头的安排来定

（续）

名称	图　示	说明
壁龛的安装	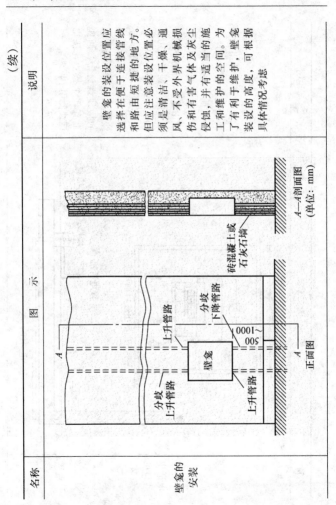	壁龛的装设位置应选择在便于连接管线和路由短捷的地方。但应注意装设位置必须是清洁、干燥、通风，不受外界气体及灰尘伤害有有害气体及灰尘侵蚀，并有适当的空间。为有利于维护，壁龛工程施工的高度，可根据具体情况考虑

名称	图　示	说明　（续）
电话出线口的安装	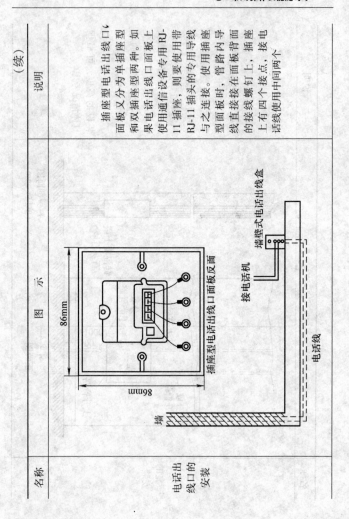	插座型电话出线口面板又分为单插座型和双插座型两种。如果电话出线口面板上使用通信设备专用RJ-11插座，则要使用带RJ-11插头的专用导线与之连接。使用插座型面板接线时，管路内导线直接接在面板背面的接线螺钉上，插座上有四个接点，接电话线使用中间两个

插座型电话出线口面板反面

86mm

86mm

墙壁式电话出线盒

接电话机

电话线

墙

名称	图示	说明
电话线由地下进户	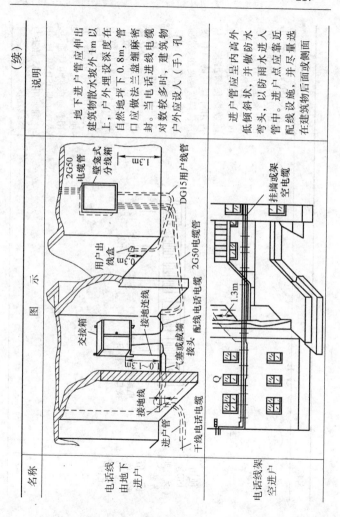	地下进户管应伸出建筑物散水坡外1m以上，户外埋设深度在自然地坪下0.8m，管口应做法兰盘缠麻密封。当数较多时，对数较多时，户外应设人（手）孔
电话线架空进户		进户管应呈内高外低倾斜状，并做防水弯头，以防雨水进入管中。进户点应靠近配线设施，并尽量选在建筑物后面或侧面

（续）

名称	图　示	说明
使用ISDN（综合业务数字网，俗称一线通）上网	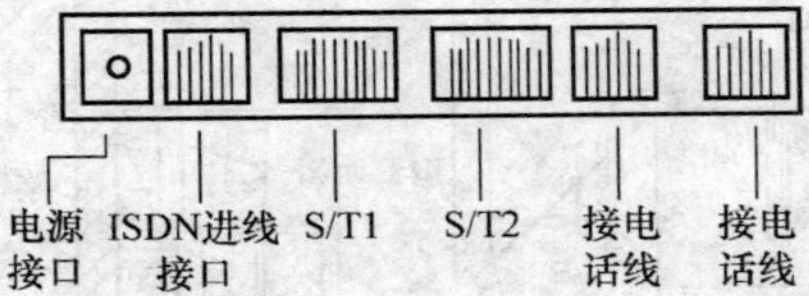 电源　ISDN进线　S/T1　S/T2　接电话线 接口　接电话线	接入ISDN需要使用专用设备。现在常用的设备是在计算机内装一只ISDN PC卡，PC卡的作用是把计算机数据传输出来，不占用计算机的原有接口，传输速度也较快。在机外接线路终端装置，把计算机传输的数字转换成可传输的数字传输信号，并可以把转换成数字传输的数字数据转换成电话的信号，这样在电话线上实现在一条电话线上使用普通模拟电话通话，用普通模拟电话和使NT1与ISDN PC卡之间要用RJ45插头与网线连接

（续）

名称	图示	说明
使用ADSL（非对称数字线路）上网	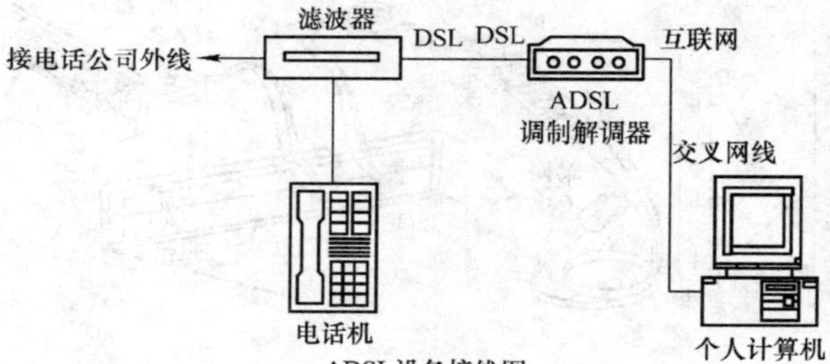 接电话公司外线　滤波器　DSL DSL　ADSL调制解调器　互联网　交叉网线　个人计算机　电话机 ADSL设备接线图	使用ADSL方式上网也需要增加一些设备：首先，要在计算机内安装一块网卡，用来与外部设备连接；第二，要有一台ADSL调制解调器，就是ADSL专用调制解调器，把计算机数据调制成可传输的两个信道的信号；第三，还要装一台ADSL调制解调器的滤波器，用来接电话机。三台设备的连接情况，如图所示

（续）

名称	图　示	说明

交叉网线的连接

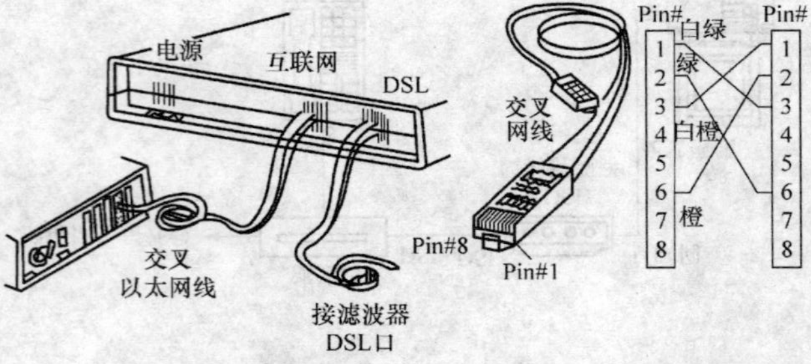

a) 与ADSL设备连接

电源　互联网　DSL
接滤波器 DSL口
交叉网线
以太网线
Pin#8　Pin#1
交叉网线

b) 外形

Pin#　白绿　绿　白橙　橙
1 2 3 4 5 6 7 8

c) 插头接线

滤波器的一个端口接外部电话线，一个端口接普通电话机，用来保持原有电话的通话功能，另一个端口有一根交叉网线接ADSL调制解调器输出口，ADSL调制解调器的输入端口接入端口。ADSL调制解调器使用一条交叉网线接计算机网卡。交叉网线接线及连接方法，如图所示

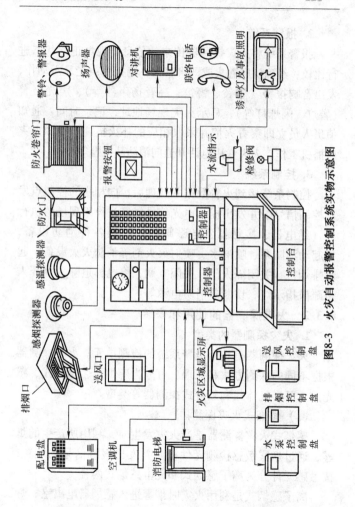

图8-3 火灾自动报警控制系统实物示意图

2. 报警系统

报警系统将火灾探测器传来的信息与现场正常状态进行比较，经确认已着火或即将着火，则指令声光显示动作，发出音响报警（警铃、警笛、高音扬声器等）、声光报警（警灯、闪烁灯等），显示火灾现场地址，记录时间，通知值班人员立即察看火情并采取相应的扑灭措施，通知火灾广播机工作，火灾专用电话开通向消防队报警等。

3. 控制系统

控制系统接到火警数据并处理后，向相应的控制点发出控制信号，并发出提示声光信号，经过设于现场的执行器（继电器、接触器、电磁阀等）控制各种消防设备，如起动消防泵、喷淋水、喷射灭火剂等消防灭火设备；起动排烟机、关闭隔离火门；关闭空调，将电梯迫降，打开人员疏散指示灯，切断非消防电源等。

8.3.2 火灾探测器的使用和安装

1. 火灾探测器的类型

火灾探测器是整个报警系统的检测单元。火灾探测器根据不同的探测方法和原理，可分为感烟式、感温式、感光式、可燃气体式和复合式探测器等类型。

（1）感烟式火灾探测器

感烟式火灾探测器是当火灾发生时，利用所产生的烟雾，通过烟雾敏感检测元件检测并发出报警信号的装置，按敏感元件分为离子感烟式和光电感烟式两种。

离子感烟式是利用火灾时烟雾进入感烟器电离室，烟雾吸收电子，使电离室的电流和电压发生变化，引起电路动作报警。

光电感烟式是利用烟雾对光线的遮挡使光线减弱，光电元件产生动作电流使电路动作报警。光电感烟式火灾探测器的外形如图8-4所示。

火灾初起时首先要产生大量烟雾，因此，感烟式火灾探测器是在火灾报警系统中用得最多的一种探测器，除了个别不适于安装的位置

图8-4　光电感烟式火灾探测器的外形

外均可以使用。一般建筑物中大量安装的是感烟式探测器，探测器安装在天花板下面，每个探测器保护面积为75m² 左右，安装高度不大于 20m，要避开门、窗口、空调送风口等通风的地方。

（2）感温式火灾探测器

感温式火灾探测器是利用火灾时周围气温急剧升高，通过温度敏感元件使电路动作报警。常用的温度敏感元件有双金属片、低熔点合金、半导体热敏元件等。

感温式火灾探测器用于不适合使用感烟式火灾探测器的场所，但有些场合也不宜使用，如温度在0℃以下的场所，正常温度变化较大的场所，房间高度大于 8m 的场所，有可能产生阴燃火的场所。

（3）感光式火灾探测器

感光式火灾探测器又称火焰探测器，它是利用火灾发出的红外光线或紫外光线，作用于光电器件上使电路动作报警。

感光式火灾探测器适用于火灾时有强烈的火焰辐射的场所，无阴燃阶段火灾的场所，需要对火焰作出迅速反应的场所。

（4）可燃气体式火灾探测器

可燃气体式火灾探测器的外形如图 8-5 所示。它可检测建筑物内某些可燃气体，防止可燃气体泄漏造成火灾。

图 8-5　可燃气体式火灾探测器的外形

可燃气体式火灾探测器适用于散发可燃气体和可燃蒸汽的场所，如车库，煤气管道附近，发电机室等。

（5）复合式火灾探测器

复合式火灾探测器把两种探测器组合起来，可以更准确地探测到火灾，如感温感烟型，感光感烟型。

2. 火灾探测器的选用

火灾探测器好比是火灾自动报警系统的"眼睛"，它能将火情信号转化为电信号，快速传到报警系统，发出警报，因此正确的选择探测器能有效地提高整个火灾自动报警控制系统的灵敏性和准确性。

选择火灾探测器时，应该了解防火区内可燃物的数量、性质、初期火灾形成和发展的特点、房间的大小和高度、环境特征和对安全的要求等，合理地选用不同类型的火灾探测器。火灾探测器的选用见表8-3。

表8-3 火灾探测器的选用

类型	性能特点	适宜场所	不适宜场所
感烟式火灾探测器	离子式	灵敏度高，性能稳定，对阴燃火的反应最灵敏	1. 商场、饭店、旅馆、教学楼、办公楼的厅堂、卧室、办公室等 2. 电子计算机房、通信机房、电视电影放映室等 3. 楼梯、走廊、电梯机房等 4. 书库、档案库等 5. 有电气火灾危险的场所	1. 正常情况下有烟、蒸汽、粉尘、水雾的场所 2. 气流速度大于5m/s的场所 3. 相对湿度大于95%的场所 4. 有高频电磁干扰的场所
	光电式	灵敏度高，对湿热气流扰动大的场所适应性好		1. 可能产生黑烟 2. 大量积聚粉尘 3. 可能产生蒸汽和油雾 4. 在正常情况下有烟滞留 5. 存在高频电磁干扰
感温式火灾探测器	性能稳定，可靠性及环境适应性好	1. 相对湿度经常高于95% 2. 可能发生无烟火灾 3. 有大量粉尘 4. 经常有烟和蒸汽 5. 厨房、锅炉房、发电机房、茶炉房、烘干车间等 6. 汽车库 7. 吸烟室、小会议室等 8. 其他不宜安装感烟探测器的厅堂和公共场所	1. 有可能产生阴燃火 2. 房间净高大于8m 3. 温度在0℃以下（不宜选用定温火灾探测器） 4. 火灾危险性大，必须早期报警 5. 正常情况下温度变化较大（不宜选用差温火灾探测器）

（续）

类型	性能特点	适宜场所	不适宜场所
感光式火灾探测器	对明火反应迅速，探测范围广	1. 火灾时有强烈的火焰辐射 2. 火灾时无阴燃阶段 3. 需要对火灾作出快速反应	1. 可能发生无焰火灾 2. 在火焰出现前有浓烟扩散 3. 探测器的镜头易被污染 4. 探测器的"视线"易被遮挡 5. 探测器易受阳光或其他光源直接或间接照射 6. 在正常情况下有明火作业以及 X 射线、弧光等影响
可燃气体式火灾探测器	探测能力强，价格低廉，适用范围广	散发可燃气体和可燃蒸汽的场所，如车库、煤气管道附近、发电机室	除适宜选用场所之外所有的场所
复合式火灾探测器	综合探测火灾时的烟雾温度信号，探测准确，可靠性高	装有联动装置系统、单一探测器不能确认火灾的场所	除适宜选用场所之外所有的场所

3. 火灾探测器的安装要求

1）探测器至墙壁、梁的水平距离不应小于 0.5m。

2）探测器周围 0.5m 内，不应有遮挡物。

3）在设有空调系统的房间内，探测器至空调送风口的水平距离不应小于1.5m，至多孔送风顶棚孔口的水平距离不应小于0.5m。

4）在宽度小于3m的内走廊顶棚上设置探测器时，宜居中布置。感温式探测器的安装间距不应超过10m，感烟式探测器的安装间距不应超过15m。探测器距端墙的距离不应大于探测器安装间距的一半。

5）探测器宜水平安装，当必须倾斜安装时，倾斜角不应大于45°。

6）探测器距光源距离应大于1m。

7）当建筑物的室内净空高度小于2.5m或房间面积在30m² 以下，且无侧面上送风的集中空调设备时，感烟式探测器宜设在顶棚中央偏向出口一侧。

8）电梯井、升降机井应在井顶设置感烟式探测器。当机房有足够大的开口，且机房内已设置感烟式探测器时，井顶可不设置探测器。敞井电梯、坡道等可按垂直距离每隔15m设置一只探测器。

9）探测相对密度小于1的可燃性气体时，探测器应安装在环境的上部。探测相对密度大于1的可燃性气体时，探测器应安装在距地面30cm以下的地方。

8.3.3 灭火系统

1. 消火栓灭火系统

消火栓灭火是建筑物内最基本和最常用的灭火方式。消火栓灭火系统由蓄水池、水泵、消火栓等组成，如图8-6所示。在建筑物各防火分区内均设置有消火栓箱，在消火栓箱内设置有消防按钮。灭火时用小锤敲击按钮的玻璃窗，玻璃打碎后，按钮不再被压下，即恢复常开的状态，从而通过控制电路起动消防泵。消防水泵起动后即可给灭火系统提供一定压力和流量的消防用水。

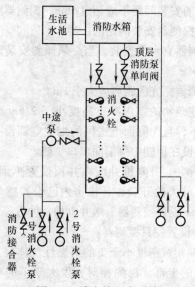

图8-6　消火栓灭火系统

消火栓箱由水枪、水龙带、消火栓等组成，按安装方式可分为暗装消火栓箱、明装消火栓箱和半明装消火栓箱，如图8-7所示。室内消火栓箱应设在走道、楼梯附近等明显且易于取用的地点。消火栓箱应涂红色。消火栓口离地面高度为 1.1m，其出水方向宜向下或与设置消火栓的墙面成 90°角。

2. 自动喷淋水灭火系统

自动喷淋水灭火系统是应用较普遍的固定灭火系统，是解决建筑物早期自防自救的重要措施。自动喷淋水灭火系统的类型较多，主要有湿式喷水灭火系统、干式喷水灭火系统、预作用喷水灭火系统、雨淋灭火系统和水幕系统等。湿式喷水灭火系统是

图 8-7　半明装消火栓箱

应用最广泛的自动喷水灭火系统，在室内温度不低于 4℃的场所，应用此系统特别合适。

（1）湿式自动喷水灭火系统

湿式自动喷水灭火系统由供水设施、闭式喷头、水流指示器、管网等组成，如图 8-8 所示。这种系统由于其供水管路和喷头内始终充满水，故称为湿式自动喷水灭火系统。

在建筑物的天花板下安装有玻璃泡式喷水喷头（见图 8-9），喷头口用玻璃泡堵住。玻璃泡内装有受热汽化的彩色液体，当发生火灾，室温升高到一定值时，液体汽化，把玻璃球胀碎，压力水通过爆裂的喷头自动喷向火灾

现场，达到灭火目的。

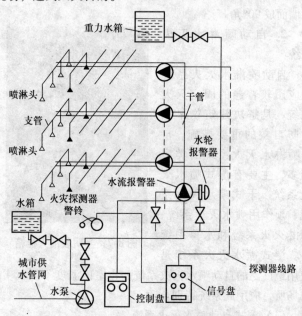

图 8-8　湿式自动喷水灭火系统

　　湿式自动喷水灭火系统因具有结构简单、工作可靠、灭火迅速等优点而得到广泛应用。但它不适合有冰冻的场所或温度超过 70℃ 的建筑物和场所。

图 8-9　玻璃泡式喷水喷头

　　（2）干式自动喷水灭火系统

　　干式自动喷水灭火系统与湿式自动

喷水灭火系统的原理相同，区别在于采用干式报警阀，供水管道平时不充有压力水，而充有一定压力的气体。当灭火现场发生火灾时该系统的玻璃泡式喷水喷头爆裂，供水管道先经过排气充水过程，再实现火灾现场的自动灭火过程。

干式自动喷水灭火系统适用于环境温度在4℃以下和70℃以上而不宜采用湿式喷水灭火系统的地方，它能有效避免高温或低温水对系统的危害，但对于火灾可能发生蔓延速度较快的场所不适合采用此种系统。

3. 气体自动灭火系统

在不能用水灭火的场合如计算机房、档案室、配电室等，可选用不同的气体来进行灭火。常用的气体灭火剂有二氧化碳、四氯化碳、卤代烷等，由控制中心控制实施灭火。

常用的气体自动灭火系统有卤代烷灭火系统和二氧化碳灭火系统。

卤代烷灭火系统多使用1211、1301、2402等作为灭火剂，其中以1301应用最为广泛。

卤代烷灭火系统由贮存容器、容器阀、管道、管道附件及喷嘴等组成，如图8-10所示。火灾探测器探测到防护区火灾后，发出报警，同时将信号传到消防控制中心，监控设备起动联动装置，在延时30s后，自动起动灭火剂贮存容器，通过管网将灭火剂输送到着火区，从喷嘴喷出，将火扑灭。

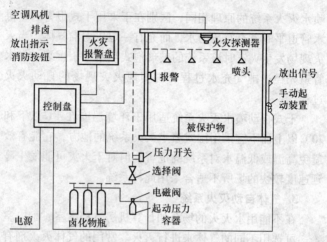

图 8-10　卤代烷灭火系统

卤代烷灭火系统适用于计算机房、图书档案室、文物资料贮藏室等场所，但卤代烷灭火系统不适于活泼金属、金属氢化物、有机过氧化物、硝酸纤维素、炸药等引发的火灾。

8.3.4　防、排烟控制

防、排烟系统在整个消防联动系统中的作用非常重要，因为在火灾事故中造成的人身伤害，绝大部分是因为窒息的原因造成的。建筑物防烟设备的作用是防止烟气侵入安全疏散通道，而排烟设备的作用是消除烟气的大量积聚并防止烟气扩散到安全疏散通道。

防烟和排烟系统主要由防烟防火阀、防烟与排烟风机、管路、风口等组成，防、排烟系统的动作程序如图8-11所示。

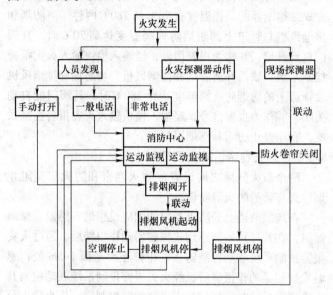

图8-11 防、排烟系统的动作程序

当火灾发生时，着火层火灾探测器发出火警信号，火灾报警控制器接收到此信号后，一方面发出声光报警信号，并显示及记录报警地址和时间，另一方面同时将报警点数据传递给联动控制器，经其内部控制逻辑关系判断后，发出联动信号，通过配套执行器件自动开启所在区域的排烟风机，同时自动开启着火层及其上、下层的排烟阀口。

　　某些防烟和排烟阀口的动作采用温度熔断器自动控制方式，熔断器的动作温度有 70℃ 和 280℃ 两种。当防烟和排烟风机总管道上的防烟防火阀温度达到 70℃ 时，其阀门自动开启，并作为报警信号，经输入模块输入火灾报警控制系统，联动开启防烟和排烟风机。当防烟和排烟风机总管道上的防烟防火阀温度达到 280℃ 时，其阀门能自动关闭，并作为报警信号，经输入模块输入火灾报警控制系统，联动停止防烟和排烟风机。

8.3.5　防火卷帘、防火门控制

　　两个防火分区之间设置的防火卷帘和防火门是阻止烟、火蔓延的防火隔断设备。

　　在疏散通道上的防火卷帘两侧应设感烟、感温式探测器组，在其任意一侧感烟式探测器动作报警后，通过火灾报警控制系统联动控制防火卷帘降至距地面 1.5m 处；感温式探测器动作报警后，经火灾报警控制系统联动控制其下降到底，此时关闭信号应送至消防控制室。作为防火分区分隔的防火卷帘，当任意一侧防火分区的火灾探测器动作后，防火卷帘应一次下降到底。防火卷帘两侧都应设置手动控制按钮及人工升、降装置，在探测器组误动作时，能强制开启防火卷帘。防火卷帘以及手动控制按钮如图 8-12 所示。

8.3.6　火灾事故广播控制

　　火灾事故广播系统通常为独立的广播系统。该系统配

a）防火卷帘   b）手动控制按钮

图8-12 防火卷帘以及手动控制按钮

置有专用的广播扩音机、广播控制盘、分路切换盒、音频传输网络及扬声器等。控制方式分为自动播音和手动播音两种。手动播音控制方式对系统调试和运行维护较方便。当火灾事故广播与建筑物内广播音响系统共用时，可通过联动模块将火灾疏散层的扬声器和广播音响扩音机等强制转入火灾事故广播状态，即停止背景音乐广播，播放火灾事故广播。

8.3.7 电梯控制

若大楼内设有多部客梯和消防电梯，在发生火灾时，联动模块发出指令，不管客梯处于任何状态，电梯的按钮将失去控制作用，客梯全部降到首层，客梯门自动打开，等梯内人员疏散后，自动切断客梯电源，同时将动作信号反馈至消防控制室。消防人员需要使用消防电梯时，可在电梯轿厢内使用专用的手动操纵盘来控制其运行。

8.3.8　手动火灾报警按钮

手动火灾报警按钮是人为确认火警的报警装置，它设置在经常有人员走动的地方，而且安装在明显且便于操作的部位。当人工确认发生火灾时，按下此报警按钮，向消防控制中心发出火警信号。手动火灾报警按钮如图 8-13所示。

图 8-13　手动火灾报警按钮

手动火灾报警按钮可手动复位取消报警，可多次重复使用，还具有电话通信功能，将话机插入通信插孔内，可与消防控制室直接通话联系。

手动火灾报警按钮应安装在墙上距地面高度为 1.5m处，应有明显标志。报警区域内每个防火分区应至少设置 1 个手动火灾报警按钮，从一个防火分区内的任何位置到最邻近的一个手动火灾报警按钮的步行距离不应大于 30m。

第9章

智能楼宇安全防范系统

智能楼宇安全防范系统主要包括防盗报警系统、闭路监控系统、停车场管理系统和楼宇对讲系统。

9.1 防盗报警系统

防盗报警系统主要由防盗探测报警器、信号传输、报警控制器、报警中心以及保安警卫力量组成。

9.1.1 入侵探测器

入侵探测器的作用是在有人不正常进入某个区域，或某些物体被不正常移动、破坏时能够及时发现，并发出报警信号。

1. 红外线入侵探测器

红外线入侵探测器分为主动式和被动式两种。

主动式红外线入侵探测器由收、发两部分装置组成，如图9-1所示。由发射装置发射出的红外线经过防范区到

图9-1 主动式红外线入侵探测器

达接收机，构成一条警戒线。正常情况下，接收机收到的是一个稳定的信号，当有人侵入到警戒线时，红外线光束被遮挡，接收装置接收不到特定的红外线信号，则发出报警信号。主动式红外线入侵探测器体积小，重量轻，便于隐蔽，且寿命长，价格低，被广泛应用于安全防范工程中。

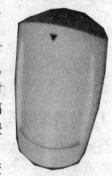

　　被动式红外线入侵探测器是相对于主动式红外线入侵探测器而言的。被动式红外线入侵探测器本身不发射任何辐射，而是依靠人体的红外线辐射来进行报警的。被动式红外线入侵探测器的外形如图9-2所示。

　　被动式红外线入侵探测器隐蔽性好，昼夜可用，特别适合在夜间或黑暗环境中工作。由于不发射能量，不会产生系统互扰的问题。

图9-2　被动式红外线入侵探测器

2. 超声波入侵探测器

超声波入侵探测器是用来探测移动物体的空间型探测器。超声波入侵探测器发出 25 ~ 40kHz 的超声波充满室内空间，超声波接收机接收室内物体反射回来的超声波，并与发射波相比较，当室内没有物体移动时，发射波与反射波的频率是一致的，即不会报警。当室内有物体移动时，反射波会产生多普勒频移，接收机检测后会发出报警信号。

　　超声波入侵探测器适用于各种不同形式、面积的房间，在某一确定的范围内可实现无死角警戒，安装方便、灵活。超声波入侵探测器的防范区域一般应为密闭的室内，门窗要求关闭，其缝隙也应足够小，风扇、空调器等均应关闭。

3. 开关式入侵探测器

开关式入侵探测器是通过各种类型开关的闭合和断开来控制电路通断，从而触发报警的探测器。常用的开关有磁控开关、微动开关、压力垫，也有用金属丝、金属条、金属箔等来代用的开关。开关式入侵探测器属于点控制型入侵探测器。

开关式入侵探测器安装在固定的门框或窗框上，当入侵者开门或开窗时，即可发出报警信号。

4. 玻璃破碎入侵探测器

玻璃破碎入侵探测器是专门用来探测玻璃破碎的探测器。当入侵者打碎门窗玻璃试图作案时，即可发出报警信号。玻璃破碎入侵探测器的外形如图9-3所示。

玻璃破碎入侵探测器一般是粘附在玻璃上，利用振动传感器在玻璃破碎时产生的2kHz特殊频

图9-3　玻璃破碎入侵探测器

率，感应出报警信号，而对一般的风吹门窗时产生的振动信号没有反应。

5. 微波入侵探测器

微波入侵探测器分为雷达式和墙式两种类型。前者是一种将微波收、发设备合置的微波探测器，它的工作原理基于微波的多普勒效应；后者是一种将微波收、发设备分置的微波探测器，它的工作原理基于场干扰的原理。

6. 声控探测器

声控探测器用微音器作传感器，用来监测入侵者在防范区域内走动或作案活动发出声响（如开闭门窗，拆卸搬动物品及撬锁的声响），并将此声响转换为电信号经传输线送入报警主控制器。

声控探测器属于空间控制型探测器，适合于在环境噪声较小的仓库、博物馆、金库、机要室等处使用。

7. 振动探测器

振动探测器是以探测入侵者的走动或破坏活动（如入侵者撞击门、窗、保险柜）时所产生的振动信号，来触发报警的探测器。

常用的振动传感器有位移式传感器（机械式），速度传感器（电动式）、加速度传感器（压电晶体式）等。

8. 周界防御探测器

周界防御探测器是在重要的安全防范区域，将几种传感器组合成的一个严密的综合周界防御系统。用于周界防御报警的传感器有：驻极体电缆式传感器、电场式传感器、泄漏电缆式传感器、光纤传感器、机电式传感器、压电式传感器、振动式传感器等。

9. 双技术探测器

双技术探测器又称为双鉴器、复合式探测器或组合式探测器，它是将两种探测技术结合在一起，以"相与"的关系来触发，即只有当两种探测器同时或者相继在短暂时间内都探测到目标时，才会发出报警信号。

常用的有超声波-被动红外、微波-被动红外、微波-主动红外等双技术探测器。

常用入侵探测器的工作特点见表9-1。

表9-1　常用入侵探测器的工作特点

入侵探测器类型		警戒功能	工作场所	主要特点	适于工作的环境及条件	不适于工作的环境及条件
微波	多普勒式	空间	室内	隐蔽，功耗小，穿透力强	可在热源、光源、流动空气的环境中正常工作	有机械振动、抖动、摇摆、电磁干扰的场所
	阻挡式	点、线	室内外	与运动物体速度无关	室外全天候工作，适于远距离直线周界警戒	收发之间视线内不得有障碍物或运动、摆动物体
红外线	被动式	空间、线	室内	隐蔽，昼夜可用，功耗低	静态背景	背景有红外线辐射变化及有热源、振动、冷热气流、阳光直射，背景与目标温度接近，有强电磁干扰
	阻挡式	点、线	室内外	隐蔽，便于伪装，寿命长	在室外与围栏配合使用，做周界报警	收发之间视线内不得有障碍物，地形起伏、周界不规则，大雾、大雪等恶劣天气

(续)

入侵探测器类型	警戒功能	工作场所	主要特点	适于工作的环境及条件	不适于工作的环境及条件
超声波	空间	室内	无死角，不受电磁干扰	隔声性能好的密闭房间	振动、热源、噪声源、多门窗的房间，温湿度及气流变化大的场所
激光	线	室内外	隐蔽性好，价格高，调整困难	长距离直线周界警戒	同阻挡式红外线报警器
声控	空间	室内	有自我复核能力	无噪声干扰的安静场所与其他类型报警器配合作报警复核用	有噪声干扰的热闹场所
监控电视	空间、面	室内外	报警与摄像复核相结合	静态景物及照度缓慢变化的场所	背景有动态景物及照度快速变化的场所
双技术报警器	空间	室内	两种类型探测器相互鉴证后才发出报警，误报率极小	其他类型报警器不适用的环境均可用	强电磁干扰

9.1.2　入侵报警控制器

入侵报警控制器是入侵报警控制系统的核心。入侵报警控制器直接或间接接收来自入侵探测器发出的报警信号，经分析、判断，发出声光报警，并能指示入侵发生的部位。声光报警信号应能保持到手动复位，复位后，如果再有入侵报警信号输入时，能重新发出声光报警。入侵报警控制器还能向与该机接口的全部探测器提供直流工作电压。

入侵报警控制器可分为小型入侵报警控制器、区域入侵报警控制器和集中入侵报警控制器。

小型入侵报警控制器适用于银行的储蓄所、学校的财务部门、档案室和较小的仓库等场所。

区域入侵报警控制器适用于防范要求较高的高层写字楼、住宅小区、大型仓库、货场等场所。

集中入侵报警控制器适用于大型和特大型报警系统，由集中入侵报警控制器把多个区域的入侵报警控制器联系在一起。集中入侵报警控制器能接收各个区域入侵报警控制器送来的信息，同时也能向各区域入侵报警控制器送去控制指令，直接监控各区域入侵报警控制器监控的防范区域。

9.1.3 防盗系统的布防模式

根据防范场所，防范对象及防范要求的不同，现场布防可分为周界防护、空间防护和复合防护三种模式。

1. 周界防护模式

采用各种探测报警手段对整个防范场所的周界进行封锁，如对大型建筑物，采用室外周界布防，选用主动红外、遮挡式微波、电缆泄漏式微波等报警器。

对大型建筑物也可采用室内周界布防，使用探测器封锁出入口、门、窗等可能受到入侵的部位。对于面积不大的门窗，可以用磁控开关。对于大型玻璃门窗可采用玻璃破碎报警器。

2. 空间防护模式

空间防护时的探测器所防范的范围是一个特定的空间，当探测到防范空间内有入侵者的侵入时就发出报警信号。

在室内封锁主出入口及入侵者可能活动的部位，对于小房间仅用一个探测器。对于较大的空间需要采用几个探测器交叉布防，以减少探测盲区。

3. 复合防护模式

复合防护是在防范区域采用不同类型的探测器进行布防，使用多种探测器对重点部位做综合警戒，当防范区内有入侵者进入或活动，就会引起两个以上的探测器陆续报警。例如，对重点厅堂的复合防护，可在窗外设周界报警器，门窗安装磁控开关，通道出入口设有压力垫，室内设双技术报警器，构成一个立体防范区。

9.2　闭路监控电视系统

闭路监控电视系统也称闭路电视系统（CCTV），系统通过遥控摄像机及其辅助设备，直接观察被监视场所的情况，同时可以把被监视场所的情况进行同步录像。

9.2.1　组成方式

闭路监控电视系统有单头单尾、单头多尾、多头单尾、多头多尾等不同的组成方式，适合于不同场所、不同要求和不同规模的需要。闭路监控电视系统的组成方式如图 9-4 所示。

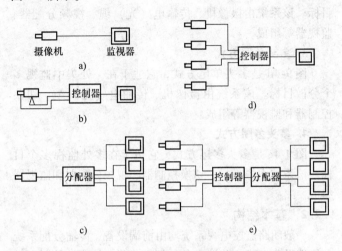

图9-4 闭路监控电视系统的组成方式

1. 单头单尾方式

单头单尾方式是最简单的单一小系统。它适于在一处连续监视一个固定目标。该系统由摄像机、传输电（光）缆、监视器组成。图 9-4a 是使用固定云台的单头单尾方式，适于对一个固定目标进行监视；图 9-4b 是使用电动云台的单头单尾方式，适于对一个固定场所进行全方位扫描监视。

2. 单头多尾方式

图 9-4c 是单头多尾方式，它适于在多处监视同一个目标。该系统由摄像机、传输电（光）缆、视频分配器、监视器等组成。

3. 多头单尾方式

图 9-4d 是多头单尾方式，它适于在一处集中监视多个分散目标。该系统由摄像机、传输电（光）缆、切换控制器和监视器等组成。

4. 多头多尾方式

图 9-4e 是多头多尾方式，它适于在多处监视多个目标。该系统由摄像机、切换控制器、视频分配器和监视器组成。

9.2.2 基本结构

一般闭路监控电视系统均由前端设备、传输分配系统和终端设备组成。前端设备包括摄像机、镜头、外罩和云台等；传输分配部分包括馈线、视频分配器、视频电缆补偿器和视频放大器等；终端设备包括控制器、云台控制器、图像处理与显示部分（含视频切换器、监视器和录像机等）。前端设备与控制装置的信号传输以及执行功能通过解码器来实现。闭路监控电视系统的原理图如图 9-5 所示。

1. 摄像机

摄像机是获取监视现场图像的前端设备。现在使用的摄像机都是固体器件摄像机，景物通过镜头成像在电荷耦合器件（CCD）上，转换成电信号。CCD 摄像机分为黑

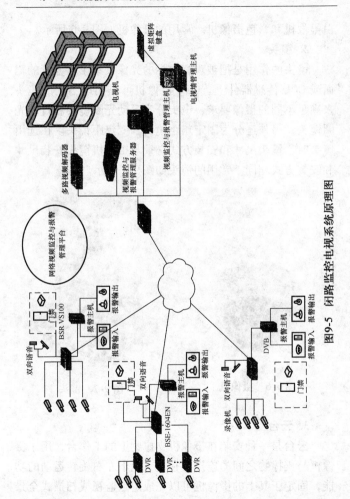

图 9-5 闭路监控电视系统原理图

白摄像机和彩色摄像机。常用的摄像机如图9-6所示。

2. 镜头

镜头的作用是把被观察目标的光像聚集于摄像管的靶面或 CCD 传感器件上。CCD 摄像机可以换用不同的镜头来满足不同的摄像要求，镜头分为手动光圈镜头和自动光圈镜头，另外还分为固定焦距镜头和变焦距镜头。在选用镜头时，镜头尺寸和安装方式必须与摄像机镜头安装尺寸和安装方式相同。常用的镜头如图9-7所示。

图9-6　摄像机

图9-7　镜头

3. 云台

云台是一种安装在摄像机支撑物上的工作台，用于摄像机与支撑物之间的连接，它具有上下左右旋转运动的功能，固定于其上的摄像机可以完成定点监视或扫描式全景观察功能，分为手动云台和电动云台。云台水平转动的角度为350°，垂直转动则有±45°、±35°、±75°等。

4. 防护罩

防护罩的作用是防止摄像机受外力破坏，延长其使用寿命以及遮光、防尘等。防护罩可分为室内型和室外型两种。室内型防护罩主要是防止摄像机落尘并有一定的安全防护作用，如防盗、防破坏等。室外型防护罩一般为全天候防护罩，即无论刮风、下雨、下雪、高温、低温等恶劣天气，都能使摄像机正常工作。

5. 监视器（CRT）

监视器是闭路监控系统的终端显示设备，它用来重现被摄物体的图像。监视器分为黑白和彩色两种。

6. 录像机（VTR/VCR）

录像机是专门用来记录电视图像信号的一种磁记录设备。长时间录像机可以用一盘180min录像带记录8h以上的监控图像，最长记录时间可长达960h，常用24h机型。新型数码录像机可以同时记录多台摄像机的信号。

7. 视频切换控制器

视频切换控制器是一个连接、切换装置。同一时间一台监视器只能显示一台摄像机信号；使用一台监视器，显示多台摄像机的信号时，需要利用视频切换控制器任意选择切换其中的某一个信号进行显示，也可以设定自动按一定顺序显示各个信号。在视频切换控制器上，可以提供摄像机、电动云台的直流电源及自动光圈、自动变焦、云台调整的控制信号。

8. 多画面分割器

使用多画面分割器可将输入的多路摄像机的图像信
号，经处理后在一个监
视器荧光屏上的不同部
位同时显示。常用的多
画面分割器如图 9-8
所示。

9. 矩阵控制器

图9-8　多画面分割器

矩阵控制器也是一
个连接、切换装置。矩阵控制器以输入输出的路数划分可
分为小型、中型和大型。输入路数从 16 路到 64 路，甚至
高达 1024 路或更多。矩阵控制器可以使用数字方式控制，
发出控制代码。

10. 解码器

解码器是把控制代码变成控制信号，来控制摄像机的
动作。使用矩阵控制器时，要求在每台摄像机处安装解码
器，识别属于本摄像机的控制信号代码，所有解码器可以
并接在一根双绞线上，这样就简化了控制线路导线的敷
设。常用的解码器如图 9-9 所示。

11. 传输导线

摄像机的视频电视信号通过 75Ω 同轴电缆传输。传
输距离在 500m 以上时，线路中要加设电缆均衡器或电缆
均衡放大器，对电缆中的视频信号进行补偿及放大。

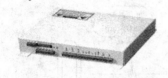

图 9-9 解码器

9.3 楼宇对讲系统

楼宇对讲系统，也称访客对讲系统，又称对讲机-电门锁保安系统。按功能可分为单对讲、可视对讲、智能对讲三种类型。楼宇保安对讲系统具有基本功能和扩展功能。基本功能为呼叫对讲和控制开门。扩展功能有：可视对讲、通话保密、通话限时、报警、双向呼叫、密码开门、区域联网、报警联网和内部对讲等。

9.3.1 系统分类

1. 单对讲型系统

单对讲型系统适用于低层少户型建筑。该系统分为面板机、室内电话机、电源盒、电控锁四部分。单对讲系统原理图如图 9-10 所示。

2. 可视对讲型系统

可视对讲型系统只是在单对讲型系统基础上，增加可视部分功能。在系统的门面板机上装有摄像头，每个用户的室内机上有一个小显示屏，当用户被呼叫时，摘下话机，同时在显示屏上会显示来访者图像，用户确认后按开门键打开电磁门。在建筑物外门处一般应设照明灯具，以

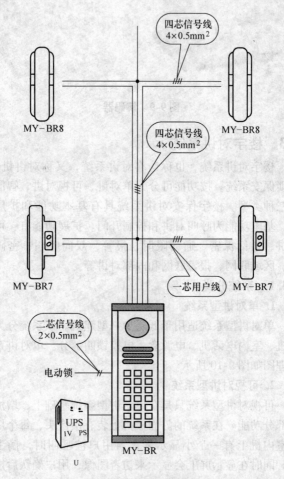

图 9-10　单对讲型系统

方便用户使用门口机或用钥匙开门，也可以保证摄像头所需要的照度。可视对讲型系统如图9-11所示。

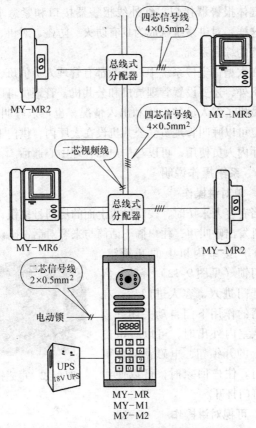

图9-11 可视对讲型系统

3. 智能对讲型系统

智能对讲型系统的室内机上增加了火灾报警器接口、可燃气体报警器接口、红外线报警器接口和紧急求救按钮，这样，对讲系统就成为具有防火、防盗、对讲、呼救等功能的综合系统。

在大型住宅楼系统中，一般都有管理人员值班，除了室内机外，还要设置管理员机和公共机，管理员可以通过管理员机了解人员的来访和出入情况，也可以呼叫住户，住户也可以呼叫管理员。公共机设在大厅内，供门卫人员或大厅内人员使用，可以与住户和管理中心通话。

9.3.2 系统操作说明

1. 单对讲操作

当有客人来访时，按门口机上面的房间号按钮，对应室内机发出呼叫声，住户摘下话筒与来客对话，确认身份后，住户按室内机上的开锁键，电磁门锁（见图9-12）释放，客人打开门进入，客人进门后，在关门器的作用下门自动关闭并锁住。从室内外出时，可以按电磁门锁上的开锁钮，电磁锁释放可以开门。住户回家时，可以使用钥匙将门打开。

图9-12　电磁锁

2. 可视对讲操作

当有客人来访时，在门口机上按下房号，此时 LCD

上显示"正在连线中",同时在住户室内机上产生振铃声。当住户提机后与来客对话,同时在住户室内机上显示访客人像。在通话期间,其他住户室内机上有占线指示,并且其他住户无法监听。待房主人确认来客身份后,按下室内机上的开锁键即可打开电磁门。客人进门后,门自动关闭。室内机和门口机如图9-13所示。

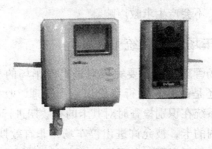

图9-13 室内机和门口机

3. 免打扰操作

住户在室内机上设置免打扰状态,使免打扰指示灯亮。这时,若有访客来访,会在门口机LCD上显示"请勿打扰"字样,访客无法访问住户,使住户免受打扰。

4. 求救操作

住户在室内机上按红色求救按钮,室内机上立即响起求救声,同时,向本单元其他住户发出求救信号等待救援。在门口机上会显示发出求救信号的住户房号。

5. 响应求救、免求救操作

若住户响应其他住户发来的求救信号，则操作室内机上的设置按键，使求救指示灯灭，此时，若其他住户发出求救信号，本住户室内机上立即响起求救声。

若住户为避免打扰，不响应其他住户发来的求救信号，则操作室内机上的设置按键，使免求救指示灯亮即可，这时，不会产生求救声响。

9.4　停车场管理系统

停车场管理系统主要完成对进出停车场的车辆（无论是常客还是散客）进行身份识别和管理、收费。对常客而言，系统在识别检查时对其卡的有效期进行核对。凡在有效期内的卡，被允许进出停车场；非有效期内的卡，不放行或放行但报警。在不放行模式下，车辆被拒绝进出场；在放行但报警模式下，车辆允许进出场，但系统会产生一个报警信号，提示有过期卡进出场。对散客而言，系统自动发放临时卡，记录进场时间。出场时，依据进场记录和单价等数据计算停车费。系统中所有的事件均有记录存档，并可提供各种报表和查询功能。停车场管理系统原理图如图 9-14 所示。

9.4.1　系统组成

1. 车辆检测器

目前有两种典型的车辆出入检测方式，光电（红外线）检测方式和环形感应线圈检测方式。

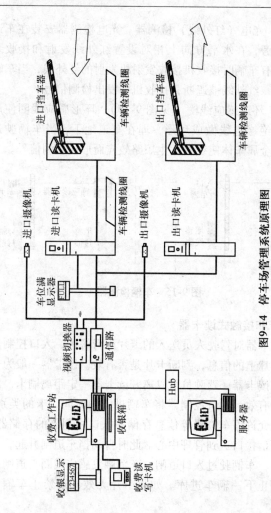

图9-14 停车场管理系统原理图

1）光电（红外线）检测器。光电检测器安装在车道入口两旁，在水平方向上相对设置红外线发射和接收装置，没有车辆时接收机接收发射机发射的红外线，当车辆通过时，红外线被遮断，接收机即发出检测信号。

2）环形感应线圈（见图9-15）。环形感应线圈使用电缆或绝缘电线做成环形，埋在车道地下，当车辆驶过时，其金属车体使线圈发生短路效应而形成检测信号。

图9-15　车辆检测器

2. 非接触式读卡器

读卡器对驾驶人员送入的卡片进行解读，入口控制器根据卡片上的信息，判断卡片是否有效。读卡器一般为非接触式读卡器。驾驶员可以离开读卡器一定距离刷卡。如果卡片有效，入口控制器将车辆进入的时间、卡的类别、编号及允许停车位置等信息存储在入口控制器的存储器，通过通信接口送到管理中心。此时自动挡车道闸升起，车辆放行。车辆驶过入口道闸，车辆触发感应线圈，道闸放下，阻止下一辆车进库。如果卡片无效，则禁止车辆驶入，并发出告警信号。读卡器有防潜回功能，防止用一张卡驶入多辆车辆。

停车库系统使用的卡片有以下几种：

1）月租卡。它是停车场管理系统授权发行的一种 IC 卡，由长期使用指定停车库的车主申请并经管理部门审核批准。该卡按月交纳停车费用，并在有效的时间内享受在该停车库停车的便利。

2）储值卡。它是停车场管理系统授权发行的一种 IC 卡，由经常使用指定停车库的车主申请并经管理部门审核批准。车主预先交纳一定数额的现金，这在卡中会有记录，车主使用该停车库时发生的费用从卡中扣除。在储值卡中根据所停放车辆的类型不同，分为 A、B、C 三类。

3）临时卡。它是临时或持无效卡的车主到该停车库停车时的出入凭证。

3. 自动挡车栏杆

自动挡车栏杆受入口控制器控制，入口控制器确认卡片有效后，自动挡车栏杆升起。车辆驶过，自动挡车栏杆放下。自动挡车栏杆有自动卸荷装置，方便手动操作。自动挡车栏杆 还具有防砸车控制系统，能有效地防止因意外原因造成栏杆砸车事故。自动挡车栏杆受到意外冲击，会自动升起，以免损坏栏杆机和栏杆。自动挡车栏杆如图 9-16所示。

4. 彩色摄像机

车辆进入停车场时，自动启动摄像机，摄像机记录下车辆外形、车牌号等信息，存储在电脑中，供识别用。

5. 车满显示系统

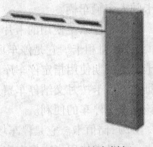

图9-16　自动挡车栏杆

该系统的工作原理是，按车位上方的探测器检测信号，监测是否有空位，或利用车道上的检测器检测车辆进出车库的信号，加减得出车辆数再通过显示装置显示停车场内的情况。

6. 管理中心

停车场管理系统除通过系统控制器负责与出入口读卡器、临时卡发卡器通信外，同时还负责收集、处理停车场内车位的停车信息，以及负责对电子显示屏和满位显示屏发出相应的控制信号，负责对报表打印机发出相应的控制信号，同时完成停车场数据采集下载、查询打印报表、统计分析、系统维护和固定卡发售功能。

9.4.2　系统工作流程

1. 临时车辆进入

临时车辆进入停车场时，设在车道下的车辆感应线圈检测到车辆，入口机发出有关语音提示，指导司机操作；同时启动读卡机操作。司机按取票键后，出票机即发出一张感应 IC 卡。司机在读卡区读卡，自动栏杆抬起放行车辆，同时现场控制器将记录本车入场日期、时间、卡片编号、进场序号等有关信息，并上传至管理主机，车辆通过后栏杆自动放下。

2. 固定车辆进入

固定车辆进入停车场时，设在车道下的车辆感应线圈检测到车辆，启动读卡器工作。司机将卡在读卡器前掠过，读卡器读取该卡的特征和有关信息，判断其有效性。同时，摄像机摄录该车图像，并依据卡号，存入电脑的数据库中。若有效，自动栏杆放行车辆，车辆通过后栏杆自动放下。若无效，入口控制机的显示屏提示车主月租卡超期或储值卡的余额不足等，要求车主使用临时卡。固定停车户可以使用系统提供的不同类型的卡片。

3. 临时车辆驶出

临时车辆驶出停车场时，在出口处，司机将临时卡交给收费员，收费计算机自动调出入口图像人工对比，并自动计费，通过收费显示牌提示司机交费。收费员收费后，升起挡车栏杆放行车辆。车辆通过后，栏杆自动放下，同时收费计算机将该记录存到交费数据库中。

4. 固定车辆驶出

固定车辆驶出停车场时，在出口处，司机拿卡在读卡器前读卡，此时读卡器读取该卡的特征和有关信息，判别其有效性。若有效，挡车栏杆自动抬起放行，车辆驶出后，栏杆自动落下。若无效，进行语音提示，不允许放行。

电工常用低压电器

10.1 低压熔断器

熔断器是一种广泛应用的最简单有效的保护电器之一。其主体是低熔点金属丝或金属薄片制成的熔体，串联在被保护的电路中。在正常情况下，熔体相当于一根导线，当发生短路或过载时，电流很大，熔体因过热熔化而切断电路。熔断器具有结构简单、价格低廉、使用和维护方便等优点。常用的低压熔断器有瓷插式、螺旋式、无填料封闭管式、有填料封闭管式等几种。

常用熔断器型号的含义如下：

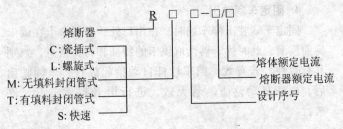

10.1.1　几种常用的熔断器

几种常用的熔断器见表 10-1。

表 10-1　几种常用的熔断器

名称	图示	说明
瓷插式熔断器	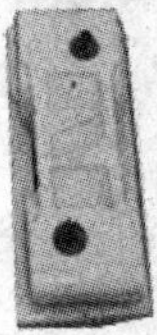	瓷插式熔断器广泛应用于照明电路及电动机控制电路中
螺旋式熔断器	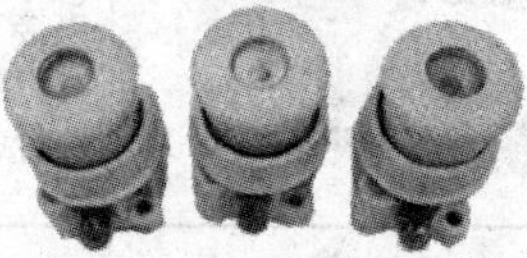	螺旋式熔断器主要用于在电气线路中对电动机进行过电流及短路保护
有填料封闭管式熔断器	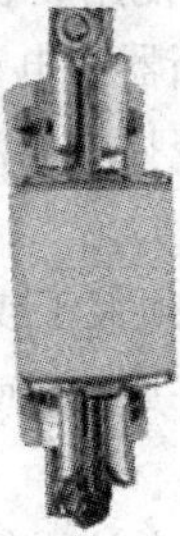	有填料封闭管式熔断器主要用于交流电压 380V 的电路,作为电路、电动机、变压器等过载和短路保护用

（续）

名称	图示	说明
无填料封闭管式熔断器		无填料封闭管式熔断器主要用于交流电压380V，额定电流在1000A以内的电路，起到低压配电线路及电气设备的过载、短路保护作用
羊角熔断器	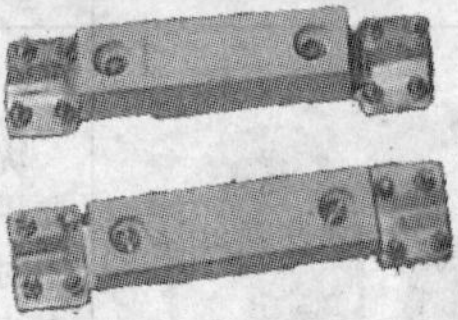	羊角熔断器一般串接于电力线路的进户线上，作为电路过电流保护用

10.1.2 熔断器的选用

1）熔断器的类型应根据使用场合及安装条件进行选择。电网配电一般用管式熔断器；电动机保护一般用螺旋式熔断器；照明电路一般用瓷插式熔断器；保护晶闸管则应选择快速熔断器。

2）熔断器的额定电压必须大于或等于电路的电压。

3）熔断器的额定电流必须大于或等于所装熔体的额定电流。

4）合理选择熔体的额定电流。①对于变压器、电炉和照明等负载，熔体的额定电流应略大于电路负载的额定电流。②对于一台电动机负载的短路保护,熔体的额定电流应大于或等于 1.5~2.5 倍电动机的额定电流。③对几台电动机同时保护,熔体的额定电流应大于或等于其中最大容量的一台电动机额定电流的 1.5~2.5 倍加上其余电动机额定电流的总和。④对于减压起动的电动机,熔体的额定电流应等于或略大于电动机的额定电流。

10.1.3 熔断器的安装及使用注意事项

1) 安装时应保证熔体和触刀,以及触刀和触刀座之间接触紧密可靠,以免由于接触处发热,使熔体温度升高,发生误熔断。

2) 安装熔体时必须保证接触良好,不允许有机械损伤,否则准确性将大大降低。

3) 熔断器应安装在各相线上,三相四线制电源的中性线上不得安装熔断器,而单相两线制的零线上应安装熔断器。

4) 瓷插式熔断器安装熔丝时,熔丝应顺着螺钉旋紧方向绕过去,同时应注意不要划伤熔丝,也不要把熔丝绷紧,以免减小熔丝截面尺寸或绷断熔丝。

5) 安装螺旋式熔断器时,必须注意将电源线接到瓷底座的下接线端(即低进高出的原则),以保证安全。

6) 更换熔体,必须先断开电源,一般不应带负载更换熔体,以免发生危险。

7) 更换熔体时,必须注意新熔体的规格尺寸、形状应与原熔体相同,不能随意更换。

10.1.4 熔断器的常见故障及检修方法

熔断器的常见故障及检修方法见表10-2。

表10-2　熔断器的常见故障及检修方法

故障现象	产生原因	检修方法
熔体换上后瞬间全部熔断	1. 电源负载电路短路或电路接线错误	1. 接线错误应予更正，查出短路点，修复后再供电
	2. 更换的熔体过小，或负载太大而难以承受	2. 根据电路和负载情况重新计算熔体的容量
	3. 电动机负载过重，起动时熔体熔断，使电动机卡死	3. 若查出电动机卡死，应检修机械部分使其恢复正常
熔体更换后在压紧螺钉附近慢慢熔断	1. 接线桩头或压熔体的螺钉锈死，压不紧熔体或导线	1. 更换同型号的螺钉及垫片，并重新压紧熔体
	2. 导线过细或负载过重	2. 根据负载大小重新计算所用导线截面积，更换为新导线
	3. 铜铝接连时间过长，引起接触不良	3. 去掉铜、铝接头处氧化层，重新压紧接触点
	4. 瓷插式熔断器插头与插座间接触不良	4. 把瓷插头的触头爪向内扳一点，使其能在插入插座后接触紧密，并且用砂布打磨瓷插式熔断器金属的所有接触面
	5. 熔体规格过小，负载过重	5. 根据负载情况可更换大一号的熔体

(续)

故障现象	产生原因	检修方法
瓷插式熔断器破损	1. 瓷插式熔断器人为损坏 2. 瓷插式熔断器因电流过大引起发热自身烧坏	1. 更换瓷插式熔断器 2. 更换瓷插式熔断器
螺旋式熔断器更换后不通电	1. 螺旋式熔断器未旋紧，引起接触不良 2. 螺旋式熔断器外壳底面接触不良，里面有尘屑或金属皮因熔断器熔断时熔坏脱落	1. 重新旋紧新换的熔断器 2. 更换同型号的熔断器外壳后装入适当熔断器芯重新旋紧

10.2 低压断路器

低压断路器曾称自动空气开关，它具有多种保护功能，动作后不需要更换元器件，动作电流可根据需要调整，工作可靠、安装方便、分断能力较强，因此被广泛应用于各种动力配电设备的开关电源、总电源开关电路和机床设备中。低压断路器的外形如图 10-1 所示。

a) DZ47-63型自动断路器　　b) DW10型万能断路器

图 10-1　低压断路器的外形

低压断路器的型号含义如下：

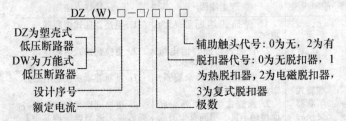

10.2.1　低压断路器的选用

1）根据电气装置的要求选定断路器的类型、极数以及脱扣器的类型、附件的种类和规格。

2）断路器的额定工作电压应大于或等于电路或设备的额定工作电压。对于配电电路来说应注意区别是电源端保护还是负载保护，电源端电压比负载端电压高出约5%。

3）热脱扣器的额定电流应等于或稍大于电路工作电流。

4）根据实际需要，确定电磁脱扣器的额定电流和瞬时动作整定电流。①电磁脱扣器的额定电流只要等于或稍大于电路工作电流即可。②电磁脱扣器的瞬时动作整定电流为：作为单台电动机的短路保护时，电磁脱扣器的整定电流为电动机起动电流的1.35倍（DW系列断路器）或1.7倍（DZ系列断路器）；作多台电动机的短路保护时，电磁脱扣器的整定电流为1.3倍最大一台电动机的起动电流再加上其余电动机的工作电流。

10.2.2　低压断路器的安装、使用和维护

1）断路器的上接线端为进线端，下接线端为出线端，"N"极为中性板，不允许倒装。

2）当低压断路器用作总开关或电动机的控制开关时，在断路器的电源进线侧必须加装隔离开关、刀开关或熔断器，作为明显的断开点。凡设有接地螺钉的产品，均应可靠接地。

3）断路器在过载或短路保护后，应先排除故障，再进行合闸操作。

4）断路器承载的电流过大，手柄已处于脱扣位置而断路器的触头并没有完全断开，此时负载端处于非正常运行，需人为切断电流，更换断路器。

5）断路器断开短路电流后，应打开断路器检查触头、操作机构。如触头完好，操作机构灵活，试验按钮操作可靠，则允许继续使用。若发现有弧烟痕迹，可用干布抹净；若弧触头已烧毛，可用细锉小心修整，但烧毛严重，则应更换断路器以避免事故发生。

6）长期使用后，可清除触头表面的毛刺和金属颗粒，保持良好电接触。

7）断路器应做周期性检查和维护，检查时应切断电源。周期性检查项目：①在传动部位加润滑油。②清除外壳表层尘埃，保持良好绝缘。③清除灭弧室内壁和栅片上的金属颗粒和黑烟灰，保持良好灭弧效果。如灭弧室损坏，断路器则不能继续使用。

10.2.3　低压断路器的常见故障及检修方法

低压断路器的常见故障及检修方法见表 10-3。

表 10-3　低压断路器的常见故障及检修方法

故障现象	产生原因	检修方法
电动操作的断路器触头不能闭合	1. 电源电压与断路器所需电压不一致 2. 电动机操作定位开关不灵，操作机构损坏 3. 电磁铁拉杆行程不到位 4. 控制设备电路断路或元器件损坏	1. 应重新通入一致的电压 2. 重新校正定位机构，更换损坏机构 3. 更换拉杆 4. 重新接线，更换损坏的元器件
手动操作的断路器触头不能闭合	1. 断路器机械机构复位不好 2. 失电压脱扣器无电压或线圈烧毁 3. 储能弹簧变形，导致闭合力减弱 4. 弹簧的反作用力过大	1. 调整机械机构 2. 无电压时应通入电压，线圈烧毁应更换同型号线圈 3. 更换储能弹簧 4. 调整弹簧，减少反作用力
断路器有一相触头接触不上	1. 断路器一相连杆断裂 2. 操作机构一相卡死或损坏 3. 断路器连杆之间角度变大	1. 更换其中一相连杆 2. 检查机构卡死原因，更换损坏元器件 3. 把连杆之间的角度调整至 170° 为宜
断路器失电压脱扣器不能自动开关分断	1. 断路器机械机构卡死不灵活 2. 反力弹簧作用力变小	1. 重新装配断路器，使其机构灵活 2. 调整反力弹簧，使反作用力及储能力增大

（续）

故障现象	产生原因	检修方法
断路器分励脱扣器不能使断路器分断	1. 电源电压与线圈电压不一致 2. 线圈烧毁 3. 脱扣器整定值不对 4. 电动开关机构螺钉未拧紧	1. 重新通入合适电压 2. 更换线圈 3. 重新整定脱扣器的整定值，使其动作准确 4. 紧固螺钉
在起动电动机时断路器立刻分断	1. 负载电流瞬时过大 2. 过电流脱扣器瞬时整定值过小 3. 橡皮膜损坏	1. 处理负载超载的问题，然后恢复供电 2. 重新调整过电流脱扣器瞬时整定弹簧及螺钉，使其整定到适合位置 3. 更换橡皮膜
断路器在运行一段时间后自动分断	1. 较大容量的断路器电源进出线接头连接处松动，接触电阻大，在运行中发热，引起电流脱扣器动作 2. 过电流脱扣器延时整定值过小 3. 热元件损坏	1. 对于较大负载的断路器，要松开电源进出线的固定螺钉，去掉接触杂质，把接线鼻重新压紧 2. 重新整定过电流值 3. 更换热元件，严重时要更换断路器
断路器噪声较大	1. 失电压脱扣器反力弹簧作用力过大 2. 线圈铁心接触面不洁或生锈 3. 短路环断裂或脱落	1. 重新调整失电压脱扣器弹簧作用力 2. 用细砂纸打磨铁心接触面，涂上少许机油 3. 重新加装短路环

（续）

故障现象	产生原因	检修方法
断路器辅助触头不通	1. 辅助触头卡死或脱落	1. 重新拨正装好辅助触头机构
	2. 辅助触头不洁或接触不良	2. 把辅助触头清擦一次或用细砂纸打磨触头
	3. 辅助触头传动杆断裂或滚轮脱落	3. 更换为同型号的传动杆或滚轮
断路器在运行中温度过高	1. 通入断路器的主导线接触处未压紧，接触电阻过大	1. 重新检查主导线的接线鼻，并使导线在断路器上压紧
	2. 断路器触头表面磨损严重或有杂质，接触面积减小	2. 用锉刀把触头打磨平整
	3. 触头压力降低	3. 调整触头压力或更换弹簧
带半导体过电流脱扣的断路器，在正常运行时误动作	1. 周围有大型设备的磁场影响半导体脱扣工作，使其误动作	1. 仔细检查周围的大型电磁铁分断时磁场产生的影响，并尽可能使两者距离远些
	2. 半导体器件损坏	2. 更换损坏的器件

10.3　交流接触器

交流接触器实际上是一种远控开关电器，在机床电器自动控制中用它来接通或断开正常工作状态下的主电路和控制电路，也可供远距离接通及分断电路之用，并可频繁地起动及控制交流电动机。

交流接触器的电磁线圈通入额定电压后，线圈中便产生磁场，将动铁心向下吸合，这时所有的主辅触头在衔铁的动作连动下全部闭合，常闭触头却随之断开。当线圈断电时，静铁心吸力消失，动铁心在弹簧力的反作用下复位，从而带动各个触头全部回复原位。交流接触器的外形如图 10-2 所示。

a) CJ20-25型交流接触器　　b) CJT1-20型交流接触器

图 10-2　交流接触器的外形

CJ20 系列交流接触器的型号含义如下：

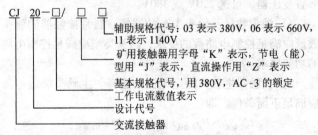

CJT1 系列接触器的型号含义如下：

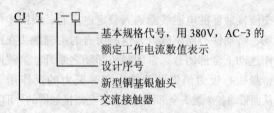

CJ T 1－□

基本规格代号，用 380V，AC-3 的额定工作电流数值表示

设计序号

新型铜基银触头

交流接触器

10.3.1 交流接触器的选用

1）接触器类型的选择。根据电路中负载电流的种类来选择，即交流负载应选用交流接触器，直流负载应选用直流接触器。

2）主触头额定电压和额定电流的选择。接触器主触头的额定电压应大于或等于负载电路的额定电压。主触头的额定电流应大于负载电路的额定电流。

3）线圈电压的选择。交流线圈电压：36V、110V、127V、220V、380V；直流线圈电压：24V、48V、110V、220V、440V；从人身和设备安全角度考虑，线圈电压可选择低一些；但当控制电路简单，线圈功率较小时，为了节省变压器，可选 220V 或 380V。

4）触头数量及触头类型的选择。通常接触器的触头数量应满足控制电路数的要求，触头类型应满足控制电路的功能要求。

5）接触器主触头额定电流的选择。主触头额定电流应满足下面条件，即

$$I_{N主触头} \geq P_{N电动机} / \left[(1 \sim 1.4) U_{N电动机} \right]$$

若接触器控制的电动机起动或正反转频繁，一般将接

触器主触头的额定电流降一级使用。

6）接触器操作频率的选择。操作频率是指接触器每小时的通断次数。当通断电流较大或通断频率过高时，会引起触头过热，甚至熔焊。操作频率若超过规定值，应选用额定电流大一级的接触器。

7）接触器线圈额定电压的选择。接触器线圈的额定电压不一定等于主触头的额定电压，当电路简单、使用电器少时，可直接选用 380V 或 220V 电压的线圈，当电路较复杂、使用电器超过 5 个时，可选用 24V、48V 或 110V 电压的线圈。

10.3.2 交流接触器的安装、使用和维护

1）接触器应垂直安装于直立的平面上，与垂直面的倾斜不超过 5°。

2）接触器在主电路不通电的情况下通电操作数次确认无不正常现象后，方可投入运行。接触器的灭弧罩未装好之前，不得操作接触器。

3）接触器使用时，应进行经常和定期的检查与维修。经常清除表面污垢，尤其是进出线端相间的污垢。

4）接触器工作时，如发出较大的噪声，可用压缩空气或小毛刷清除衔铁极面上的尘垢。

5）使用中如发现接触器在切除控制电源后，衔铁有显著的释放延迟现象时，可将衔铁极面上的油垢擦净，即可恢复正常。

6）接触器的触头如受电弧烧黑或烧毛时，并不影响

其性能，可以不必进行修理，否则，反而可能促使其提前损坏。但触头和灭弧罩如有松散的金属小颗粒应清除。

7）接触器的触头如因电弧烧损，以致厚薄不均时，可将桥形触头调换方向或相序，以延长其使用寿命。此时，应注意调整触头使之接触良好，每相下断点不同期接触的最大偏差不应超过 0.3mm，并使每相触头的下断点较上断点滞后接触约 0.5mm。

10.3.3　接触器的常见故障及检修方法

接触器的常见故障及检修方法见表 10-4。

表 10-4　接触器的常见故障及检修方法

故障现象	产生原因	检修方法
接触器线圈过热或烧毁	1. 电源电压过高或过低	1. 调整电压到正常值
	2. 操作接触器过于频繁	2. 改变操作接触器的频度或更换合适的接触器
	3. 环境温度过高使接触器难以散热或线圈在有腐蚀性气体或潮湿环境下工作	3. 改善工作环境
	4. 接触器铁心端面不平，消剩磁气隙过大或有污垢	4. 清理擦拭接触器铁心端面，严重时更换铁心
	5. 接触器动铁心机械故障使其通电后不能吸上	5. 检查接触器机械部分动作不灵或卡死的原因，修复后如线圈烧毁应更换同型号线圈
	6. 线圈有机械损伤或中间短路	6. 更换接触器线圈，排除造成接触器线圈机械损伤的故障

（续）

故障现象	产生原因	检修方法
接触器触头熔焊	1. 接触器负载侧短路	1. 首先断电，用螺丝刀把熔焊的触头分开，修整触头接触面，并排除短路故障
	2. 接触器触头超负载使用	2. 更换容量大一级的接触器
	3. 接触器触头质量太差发生熔焊	3. 更换合格的高质量接触器
	4. 触头表面有异物或有金属颗粒突起	4. 清理触头表面
	5. 触头弹簧压力过小	5. 重新调整好弹簧压力
	6. 接触器线圈与通入线圈的电压线路接触不良，造成高频率的通断，使接触器瞬间多次吸合释放	6. 检查接触器线圈控制电路接触不良处，并修复
接触器铁心吸合不上或不能完全吸合	1. 电源电压过低	1. 调整电压达正常值
	2. 接触器控制电路有误或接不通电源	2. 更正接触器控制电路；更换损坏的电气元件
	3. 接触器线圈断线或烧坏	3. 更换线圈
	4. 接触器衔铁机械部分不灵活或动触头卡住	4. 修理接触器机械故障，去除生锈，并在机械动作机构处加些润滑油；更换损坏零件
	5. 触头弹簧压力过大或超程过大	5. 按技术要求重新调整触头弹簧压力或超程
接触器铁心释放缓慢或不能释放	1. 接触器铁心端面有油污造成释放缓慢	1. 取出动铁心，用棉布把两铁心端面油污擦净，重新装配好
	2. 反作用弹簧损坏，造成释放慢	2. 更换为新的反作用弹簧
	3. 接触器铁心机械动作机构被卡住或生锈动作不灵活	3. 修理或更换损坏零件；清除杂物与除锈

（续）

故障现象	产生原因	检修方法
接触器铁心释放缓慢或不能释放	4. 接触器触头熔焊造成不能释放	4. 用螺丝刀把动静触头分开，并用钢锉修整触头表面
接触器相间短路	1. 接触器工作环境极差	1. 改善工作环境
	2. 接触器灭弧罩损坏或脱落	2. 重新选配接触器灭弧罩
	3. 负载短路	3. 处理负载短路故障
	4. 正反转接触器操作不当，加上联锁、互锁不可靠，造成换向时两只接触器同时吸合	4. 重新联锁换向接触器互锁电路，并改变操作方式，不能同时按下两只换向接触器起动按钮
接触器触头过热或灼伤	1. 接触器在环境温度过高的地方长期工作	1. 改善工作环境
	2. 操作过于频繁或触头容量不够	2. 尽可能减少操作频率或更换大一级容量的接触器
	3. 触头超程太小	3. 重新调整触头超程或更换触头
	4. 触头表面有杂质或不平	4. 清理触头表面
	5. 触头弹簧压力过小	5. 重新调整弹簧压力或更换为新弹簧
	6. 三相触头不能同步接触	6. 调整接触器三相动触头，使其同步接触静触头
	7. 负载侧短路	7. 排除负载短路故障

（续）

故障现象	产生原因	检修方法
接触器工作时噪声过大	1. 通入接触器线圈的电源电压过低 2. 铁心端面生锈或有杂物 3. 铁心吸合时歪斜或机械有卡住故障 4. 接触器铁心短路环断裂或脱掉 5. 铁心端面不平，磨损严重 6. 接触器弹簧压力过大	1. 调整电压 2. 清理铁心端面 3. 重新装配、修理接触器机械动作机构 4. 焊接短路环并重新装上 5. 更换接触器铁心 6. 重新调整接触器弹簧压力，直至其适当为止

10.4 热继电器

热继电器是由双金属片和围绕在双金属片外面的电阻丝组成。当电动机过载时，过载电流通过电路中的电阻丝，使电阻丝温度升高，这时双金属片受热膨胀，并弯向膨胀系数小的一面，通过绝缘导板推动常闭触头断开，从而切断所要保护的电器的电源回路。热继电器的外形如图10-3所示。

a）JR15-150/3型热继电器　　b）JR29-45型热继电器

图10-3　热继电器的外形

热继电器的型号含义为

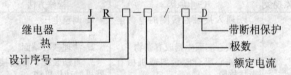

10.4.1　热继电器的选用

1）热继电器的类型选用：一般轻载起动、长期工作的电动机或间断长期工作的电动机，选择两相结构的热继电器；当电源电压的均衡性和工作环境较差或较少有人照管的电动机，或多台电动机的功率差别较大时，可选择三相结构的热继电器；而三角形联结的电动机，应选用带断相保护装置的热继电器。

2）热继电器的额定电流选用：热继电器的额定电流应略大于电动机的额定电流。

3）热继电器的型号选用：根据热继电器的额定电流应大于电动机的额定电流原则，查表确定热继电器的型号。

4）热继电器的整定电流选用：一般将热继电器的整定电流调整到等于电动机的额定电流；对过载能力差的电动机，可将热元件整定值调整到电动机额定电流的 0.6 ~ 0.8 倍；对起动时间较长、拖动冲击性负载或不允许停车的电动机，热继电器的整定电流应调节到电动机额定电流的 1.1 ~ 1.15 倍。

10.4.2　热继电器的安装、使用和维护

1）必须选用与所保护的电动机额定电流相同的热继

电器，如不符合，则将失去保护作用。

2）热继电器除了接线螺钉外，其余螺钉均不得拧动，否则其保护特性即改变。

3）当热继电器与其他电器安装在一起时，应将它安装在其他电器的下方，以免其动作特性受到其他电器发热的影响。

4）热继电器的主电路连接导线不宜太粗，也不宜太细。如连接导线过细，轴向导热性差，热继电器可能提前动作；反之，连接导线太粗，轴向导热快，热继电器可能滞后动作。

5）当电动机起动时间过长或操作次数过于频繁时，会使热继电器误动作或烧坏电器，故这种情况一般不用热继电器作过载保护。

6）若热继电器双金属片出现锈斑，可用棉布蘸上汽油轻轻擦拭，切忌用砂纸打磨。

7）当主电路发生短路事故后，应检查发热元件和双金属片是否已经发生永久变形，若已变形，应更换。

8）热继电器在出厂时均调整为自动复位形式。如欲调为手动复位，可将热继电器侧面孔内螺钉倒退约三、四圈即可。

9）热继电器脱扣动作后，若要再次起动电动机，必须待热元件冷却后，才能使热继电器复位。一般自动复位需待 5min，手动复位需待 2min。

10）热继电器的整定电流必须按电动机的额定电流

进行调整，在作调整时，绝对不允许弯折双金属片。

11）为使热继电器的整定电流与负载的额定电流相符，可以旋动调节旋钮使所需的电流值对准白色箭头，旋钮上的电流值与整定电流值之间可能有所误差，可在实际使用时按情况略予偏转。如需用两刻度之间整定电流值，可按比例转动调节旋钮，并在实际使用时适当调整。

10.4.3　热继电器的常见故障及检修方法

热继电器的常见故障及检修方法见表10-5。

表 10-5　热继电器的常见故障及检修方法

故障现象	产生原因	检修方法
热继电器误动作	1. 选用热继电器规格不当或大负载选用热继电器电流值太小	1. 更换热继电器，使它的额定值与电动机额定值相符
	2. 热继电器整定电流值偏低	2. 调整热继电器整定值使其正好与电动机的额定电流值相符合并对应
	3. 电动机起动电流过大，电动机起动时间过长	3. 减轻起动负载；电动机起动时间过长时，应将时间继电器的时间调整稍短些
	4. 反复在短时间内起动电动机，操作过于频繁	4. 减少电动机起动次数
	5. 连接热继电器主电路的导线过细、接触不良或主导线在热继电器接线端子上未压紧	5. 更换连接热继电器主电路的导线，使其截面积符合电流要求；重新压紧热继电器主电路的导线端子
	6. 热继电器受到强烈的冲击振动	6. 改善热继电器使用环境

（续）

故障现象	产生原因	检修方法
热继电器在超负载电流值时不动作	1. 热继电器动作电流值整定得过高	1. 重新调整热继电器电流值
	2. 动作触头有污垢造成短路	2. 用酒精清洗热继电器的动作触头，更换损坏部件
	3. 热继电器烧坏	3. 更换同型号的热继电器
	4. 热继电器动作机构卡死或导板脱出	4. 调整热继电器动作机构，并加以修理。如导板脱出，要重新放入并调整好
	5. 连接热继电器的主电路导线过粗	5. 更换成符合标准的导线
热继电器烧坏	1. 热继电器在选择的规格上与实际负载电流不相配	1. 热继电器的规格要选择适当
	2. 流过热继电器的电流严重超载或负载短路	2. 检查电路故障，在排除短路故障后，更换为合适的热继电器
	3. 可能是操作电动机过于频繁	3. 改变操作电动机方式，减少起动电动机次数
	4. 热继电器动作机构不灵，使热元件长期超载而不能保护热继电器	4. 更换为动作灵敏的合格热继电器
	5. 热继电器的主接线端子与电源线连接时有松动现象或氧化，线头接触不良引起发热烧坏	5. 设法去掉接头与热继电器接线端子的氧化层，并重新压紧热继电器的主接线

10.5 时间继电器

在电气配电设备应用中，为了达到自动控制电器动作的目的，常常用到一种延时开关——时间继电器。时间继电器是一种利用电磁原理或机械动作原理来延迟触头闭合或分断的自动控制器件。时间继电器的外形如图 10-4 所示。

a)JS7型空气阻尼式时间继电器　　b) JS14P型数字式时间继电器

图 10-4　时间继电器的外形

常用的 JS7- A 系列时间继电器的型号含义为

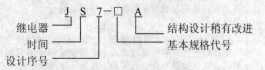

10.5.1　时间继电器的选用

1）类型的选择。在要求延时范围大、延时准确度较高的场合，应选用电动式或电子式时间继电器。在延时准确度要求不高、电源电压波动大的场合，可选用价格较低的电磁式或空气阻尼式时间继电器。

2) 线圈电压的选择。根据控制电路电压来选择时间继电器吸引线圈的电压。

3) 延时方式的选择。时间继电器有通电延时和断电延时两种，应根据控制电路的要求来选择哪一种延时方式的时间继电器。

10.5.2 时间继电器的安装使用和维护

1) 必须按接线端子图正确接线，核对继电器额定电压与将连接的电源电压是否相符，对于直流型应注意电源极性。

2) 对于晶体管时间继电器，延时刻度不表示实际延时值，仅供调整参考。若需精确的延时值，需在使用时先核对延时数值。

3) JS7-A 系列时间继电器由于无刻度，故不能准确地调整延时时间，同时气室的进排气孔也有可能被尘埃堵住而影响延时的准确性，应经常清除灰尘及油污。

4) JS7-1A、JS7-2A 系列时间继电器只要将电磁线圈部分转动 180°即可将通电延时改为断电延时方式。

5) JS11-□1 系列通电延时继电器，必须在分断离合器电磁铁线圈电源时才能调节延时值；而 JS11-□2 系列断电延时继电器，必须在接通离合器电磁铁线圈电源时才能调节延时值。

10.5.3 时间继电器的常见故障及检修方法

时间继电器的常见故障及检修方法见表10-6。

表 10-6　时间继电器的常见故障及检修方法

故障现象	产生原因	检修方法
延时触头不动作	1. 电磁铁线圈断线 2. 电源电压低于线圈额定电压很多 3. 电动式时间继电器的同步电动机线圈断线 4. 电动式时间继电器的棘爪无弹性，不能刹住棘齿 5. 电动式时间继电器游丝断裂	1. 更换线圈 2. 更换线圈或调高电源电压 3. 重绕电动机线圈，或调换同步电动机 4. 更换为新的合格的棘爪 5. 更换游丝
延时时间缩短	1. 空气阻尼式时间继电器的气室装配不严，漏气 2. 空气阻尼式时间继电器的气室内橡皮薄膜损坏	1. 修理或调换气室 2. 更换橡皮薄膜
延时时间变长	1. 空气阻尼式时间继电器的气室内有灰尘，使气道阻塞 2. 电动式时间继电器的传动机构缺润滑油	1. 清除气室内灰尘，使气道畅通 2. 加入适量的润滑油

10.6　开启式负荷开关

　　开启式负荷开关曾叫做瓷底胶盖开关。这种开关不宜带负载接通或分断电路，但因其结构简单，价格低廉，常用作照明电路的电源开关，也可用于 5.5kW 以下三相异步电动机作不频繁起动和停止的控制。开启式负荷开关的外形如图 10-5 所示。

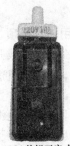

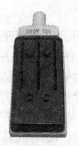

a)10A单相开启式负荷开关　b) 15A三相开启式负荷开关

图 10-5　开启式负荷开关的外形

应用较广泛的开启式负荷开关为 HK 系列，其型号的含义如下：

```
HK □ —□
 │  │   └── 额定电流
 │  └────── 设计序号
 └───────── 开启式负荷开关
```

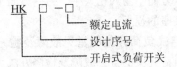

10.6.1　开启式负荷开关的选用

1）对于普通负载，选用的额定电压为 220V 或 250V，额定电流不小于电路最大工作电流，对于电动机，选用的额定电压为 380V 或 500V，额定电流为电动机额定电流的 3 倍。

2）在一般照明电路中，开启式负荷开关的额定电压大于或等于电路的额定电压，常选用 250V、220V。而额定电流等于或稍大于电路的额定电流，常选用 10A、

15A、30A。

10.6.2　开启式负荷开关的安装和使用注意事项

1）开启式负荷开关必须垂直安装在控制屏或开关板上，不能倒装，即接通状态时手柄朝上，否则有可能在分断状态时动触刀松动落下，造成误接通。

2）安装接线时，开启式负荷开关上桩头接电源，下桩头接负载。接线时进线和出线不能接反，否则在更换熔丝时会发生触电事故。

3）操作开启式负荷开关时，不能带重负载，因为HK1系列开启式负荷开关不设专门的灭弧装置，它仅利用胶盖的遮护防止电弧灼伤。

4）如果要带一般性负载操作，动作应迅速，使电弧较快熄灭，一方面不易灼伤人手，另一方面也减少电弧对动触刀和静夹座的损坏。

10.6.3　开启式负荷开关的常见故障及检修方法

开启式负荷开关的常见故障及检修方法见表10-7。

表10-7　开启式负荷开关的常见故障及检修方法

故障现象	产生原因	检修方法
熔丝熔断	1. 刀开关下桩头所带的负载短路	1. 把刀开关拉下，找出电路的短路点，修复后，更换同型号的熔丝
	2. 刀开关下桩头负载过大	2. 在刀开关容量允许范围内更换额定电流大一级的熔丝
	3. 刀开关熔丝未压紧	3. 更换新垫片后用螺钉把熔丝压紧

（续）

故障现象	产生原因	检修方法
开关烧坏，螺钉孔内沥青熔化	1. 动触刀与底座插口接触不良	1. 在断开电源的情况下，用钳子修整开关底座口片使其与动触刀接触良好
	2. 开关压线固定螺钉未压紧	2. 重新压紧固定螺钉
	3. 动触刀合闸时合得过浅	3. 改变操作方法，使每次合闸时用力把动触刀合到位
	4. 开关容量与负载不配套，且过小	4. 在电路容量允许的情况下，更换额定电流大一级的开关
	5. 负载端短路，引起开关短路或弧光短路	5. 更换同型号新开关，平时要注意，尽可能避免接触不良和短路事故的发生
开关漏电	1. 开关潮湿被雨淋浸蚀	1. 如受雨淋严重，要拆下开关进行烘干处理再装上使用
	2. 开关在油污、导电粉尘环境工作过久	2. 如环境条件极差，要采用防护箱，把开关保护起来后再使用
拉闸后动触刀及开关下桩头仍带电	1. 进线与出线上下接反	1. 更正接线方式，必须是上桩头接入电源进线，而下桩头接负载端
	2. 开关倒装或水平安装	2. 禁止倒装和水平装设开启式负荷开关

10.7　封闭式负荷开关

封闭式负荷开关曾叫做铁壳开关，主要用于各种配电设备中手动不频繁接通和分断负载的电路。交流 380V、60A 及以下等级的封闭式负荷开关还可用作 15kW 及以下三相交流电动机的不频繁接通和分断控制。封闭式负荷开关的外形如图 10-6 所示。

a) HH4-30型封闭式负荷开关 b) HH3-400/3型封闭式负荷开关

图 10-6 封闭式负荷开关的外形

常用封闭式负荷开关为 HH 系列，其型号的含义如下：

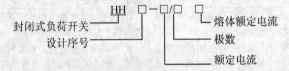

10.7.1 封闭式负荷开关的选用

1）封闭式负荷开关用来控制异步电动机时，应使开关的额定电流为电动机满载电流的 3 倍以上。

2）选择熔丝要使熔丝的额定电流为电动机的额定电流的 1.5 ~ 2.5 倍。更换熔丝时，管内石英砂应重新调整再使用。

10.7.2 封闭式负荷开关的安装及使用注意事项

1）为了保障安全，开关外壳必须连接良好的接地线。

2）接开关时，要把接线压紧，以防烧坏开关内部的绝缘。

3）为了安全，在封闭式负荷开关钢质外壳上装有机械联锁装置，当壳盖打开时，不能合闸；合闸后，壳盖不能打开。

4）操作时，必须注意不得面对封闭式负荷开关拉闸或合闸，一般用左手操作合闸。若更换熔丝，必须在拉闸后进行。

5）封闭式负荷开关应垂直于地面安装，其安装高度以手动操作方便为宜，通常在 1.3～1.5m 左右。

6）封闭式负荷开关的电源进线和开关的输出线都必须经过铁壳的进出线孔。安装接线时应在进出线孔处加装橡皮垫圈，以防尘土落入铁壳内。

10.7.3　封闭式负荷开关的常见故障及检修方法

封闭式负荷开关的常见故障及检修方法见表 10-8。

表 10-8　封闭式负荷开关的常见故障及检修方法

故障现象	产生原因	检修方法
合闸后一相或两相没电	1. 夹座弹性消失或开口过大	1. 更换夹座
	2. 熔丝熔断或接触不良	2. 更换熔丝
	3. 夹座、动触刀氧化或有污垢	3. 清洁夹座或动触刀
	4. 电源进线或出线头氧化	4. 检查进出线头

（续）

故障现象	产生原因	检修方法
动触刀或夹座过热或烧坏	1. 开关容量太小 2. 分、合闸时动作太慢造成电弧过大，烧坏触刀 3. 夹座表面烧毛 4. 动触刀与夹座压力不足 5. 负载过大	1. 更换为较大容量的开关 2. 改进操作方法，分、合闸时动作要迅速 3. 用细锉刀修整 4. 调整夹座压力，使其适当 5. 减轻负载或调换较大容量的开关
操作手柄带电	1. 外壳接地线接触不良 2. 电源线绝缘损坏	1. 检查接地线，并重新接好 2. 更换为合格的导线

10.8　组合开关

　　组合开关又叫做转换开关，也是一种刀开关。不过它的刀片（动触片）是转动式的，比刀开关轻巧，而且组合性强。组合开关可作为电源引入开关或作为 5.5kW 以下电动机的直接起动、停止、正反转和变速等的控制开关。组合开关的外形如图 10-7 所示。

a) HZ-10型组合开关　　　　　b) HZ12-16型组合开关

图 10-7　组合开关的外形

常用的组合开关为 HZ 系列，其型号含义如下：

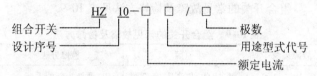

10.8.1 组合开关的选用

1）组合开关应根据用电设备的电压等级、容量和所需触头数进行选用。

2）用于照明或电热负载时，组合开关的额定电流等于或大于被控制电路中各负载额定电流之和。

3）用于电动机负载时，组合开关的额定电流一般为电动机额定电流的 1.5 ~ 2.5 倍。

10.8.2 组合开关的安装及使用注意事项

1）组合开关应固定安装在绝缘板上，周围要留一定的空间，便于接线。

2）操作时频度不要过高，一般每小时的转换次数不宜超过 15 ~ 20 次。

3）用于控制电动机正反转时，必须使电动机完全停止转动后，才能接通电动机反转的电路。

4）由于组合开关本身不带过载保护和短路保护，使用时必须另设其他保护电器。

5）当负载的功率因数较低时，应降低组合开关的容量使用，否则会影响开关的寿命。

10.8.3　组合开关的常见故障及检修方法

组合开关的常见故障及检修方法见表 10-9。

表 10-9　组合开关的常见故障及检修方法

故障现象	产生原因	检修方法
手柄转动后，内部触头未动作	1. 手柄的转动连接部件磨损	1. 调换为新的手柄
	2. 操作机构损坏	2. 打开开关，修理操作机构
	3. 绝缘杆变形	3. 更换绝缘杆
	4. 轴与绝缘杆装配不紧	4. 紧固轴与绝缘杆
手柄转动后，三副触头不能同时接通或断开	1. 开关型号不对	1. 更换为符合操作要求的开关
	2. 修理开关时触头装配得不正确	2. 打开开关，重新装配
	3. 触头失去弹性或有尘污	3. 更换触头或清除污垢
开关接线桩相间短路	因铁屑或油污附在接线桩间形成导电将胶木烧焦或绝缘破坏形成短路	清扫开关或调换开关

10.9　按钮

按钮是用来短时间接通或分断较小电流的一种控制电器。按钮有一组常开触头，当用手按下它时便闭合，手松开后又自行复位,恢复常开状态;它还有一组常闭触头,当用手按下它时便断开,手松开后它又自行复位,恢复常闭状态。按钮的外形如图10-8所示。

a) 胶木壳三挡按钮   b) 带指示灯的按钮

图 10-8 按钮的外形

常用按钮的型号含义为

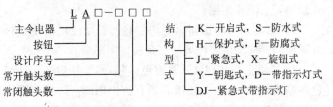

10.9.1 按钮的选用

1) 根据使用场合选择按钮的种类。

2) 根据用途选择合适的形式。

3）根据控制电路的需要确定按钮数。

4）按工作状态指示和工作情况要求选择按钮和指示灯的颜色。

10.9.2　按钮的安装和使用

1）将按钮安装在面板上时，应布置整齐，排列合理，可根据电动机起动的先后次序，从上到下或从左到右排列。

2）按钮的安装固定应牢固，接线应可靠。

3）由于按钮触头间距离较小，如有油污等容易发生短路故障，因此应保持触头的清洁。

4）安装按钮的按钮板和按钮盒必须是金属的，并设法使它们与机床总接地母线相连接，对于悬挂式按钮必须设有专用接地线，不得借用金属管作为地线。

5）按钮用于高温场合时，易使塑料变形老化而导致松动，引起接线螺钉间相碰短路，可在接线螺钉处加套绝缘塑料管来防止短路。

6）带指示灯的按钮因灯泡发热，长期使用易使塑料灯罩变形，应降低灯泡电压，延长使用寿命。

7）"停止"按钮必须是红色；"急停"按钮必须是红色蘑菇头式；"起动"按钮必须有防护挡圈，防护挡圈应高于按钮头，以防意外触动使电气设备误动作。

10.9.3　按钮的常见故障及检修方法

按钮的常见故障及检修方法见表10-10。

表 10-10　按钮的常见故障及检修方法

故障现象	产生原因	检修方法
按下起动按钮时有触电感觉	1. 按钮的防护金属外壳与连接导线接触 2. 按钮帽的缝隙间充满铁屑，使其与导电部分形成通路	1. 检查按钮内连接导线，排除故障 2. 清理按钮及触头，使其保持清洁
按下起动按钮，不能接通电路，控制失灵	1. 接线头脱落 2. 触头磨损松动，接触不良 3. 动触头弹簧失效，使触头接触不良	1. 重新连接接线 2. 检修触头或调换按钮 3. 更换按钮
按下停止按钮，不能断开电路	1. 接线错误 2. 尘埃或机油、乳化液等流入按钮形成短路 3. 绝缘击穿短路	1. 更正错误接线 2. 清扫按钮，并采取相应密封措施 3. 更换按钮

10.10　行程开关

　　行程开关又叫做限位开关或位置开关，其作用与按钮相同，只是触头的动作不靠手动操作，而是由生产机械运动部件的碰撞使触头动作来实现电路的接通或分断，达到控制的目的。通常这类开关被用来限制机械运动的位置或行程，使运动机械按一定位置或行程自动停止、反向运动、变速运动或自动往返运动等。行程开关的外形如图 10-9 所示。

a)LX19型自动复位行程开关   b)LXK1型行程开关

图 10-9　行程开关的外形

LX 系列行程开关的型号含义为

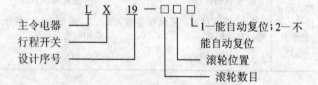

10.10.1　行程开关的选用

1）根据应用场合及控制对象选择种类。

2）根据机械与行程开关的传力与位移关系选择合适的操作头形式。

3）根据控制电路的额定电压和额定电流选择系列。

4）根据安装环境选择防护形式。

10.10.2　行程开关的安装和使用

1）行程开关应紧固在安装板和机械设备上，不得有晃动现象。

2）行程开关安装时位置要准确，否则不能达到位置控制和限位的目的。

3）定期检查行程开关，以免触头接触不良而达不到行程和限位控制的目的。

10.10.3　行程开关的常见故障及检修方法

行程开关的常见故障及检修方法见表10-11。

表10-11　行程开关的常见故障及检修方法

故障现象	产生原因	检修方法
挡铁碰撞开关，触头不动作	1. 开关位置安装不当 2. 触头接触不良 3. 触头连接线脱落	1. 调整开关的位置 2. 清洁触头，并保持清洁 3. 重新紧固接线
行程开关复位后常闭触头不能闭合	1. 触杆被杂物卡住 2. 动触头脱落 3. 弹簧弹力减退或被卡住 4. 触头偏斜	1. 打开开关，清除杂物 2. 重新调整动触头 3. 更换弹簧 4. 更换触头
杠杆偏转后触头未动	1. 行程开关位置太低 2. 机械卡阻	1. 上调开关到合适位置 2. 清扫开关内部

10.11　凸轮控制器

凸轮控制器主要用于起重设备中控制中小型绕线转子异步电动机的起动、停止、调速、换向和制动，也适用于有相同要求的其他电力拖动场合，如卷扬机等。凸轮控制器的外形如图 10-10 所示。

a) KTJ1型凸轮控制器　　　　b)KT10型凸轮控制器

图 10-10　凸轮控制器的外形

凸轮控制器的型号含义为

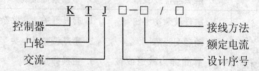

10.11.1　凸轮控制器的选用

根据电动机的容量、额定电压、额定电流和控制位置数目来选择凸轮控制器。

10.11.2　凸轮控制器的安装和使用

1）安装前检查凸轮控制器铭牌上的技术数据与所选择的规格是否相符。

2）按接线图正确安装控制器，确定正确无误后方可通电，并将金属外壳可靠接地。

3）首次操作或检查后试运行时，如控制器转到第 2 位置后，仍未使电动机转动，应停止起动，查明原因，检查电路并检查制动部分及机构有无卡住等现象。

4）试运行时，转动手轮不能太快，当转到第 1 位置时，使电动机转速达到稳定后，经过一定的时间间隔（约 1s），再使控制器转到另一位置，以后逐级起动，防止电动机的冲击电流超过电流继电器的整定值。

5）使用中，当降落重负载时，在控制器的最后位置可得到最低速度，如不是非对称电路的控制器，不可长时间停在下降第 1 位置，否则载荷超速下降或发生电动机转子"飞车"的事故。

6）不使用控制器时，手轮应准确地停在零位。

7）凸轮控制器在使用中，应定期检查触头接触面的状况，经常保持触头表面清洁、无油污。

8）触头表面因电弧作用而形成的金属小珠应及时去除，当触头严重磨损使厚度仅剩下原厚度的 1/3 时，应及时更换触头。

10.11.3 凸轮控制器的常见故障及检修方法

凸轮控制器的常见故障及检修方法见表 10-12。

表 10-12 凸轮控制器的常见故障及检修方法

故障现象	产生原因	检修方法
主电路中常开主触头间短路	1. 灭弧罩破裂 2. 触头间绝缘损坏 3. 手轮转动过快	1. 调换灭弧罩 2. 调换凸轮控制器 3. 降低手轮转动速度

（续）

故障现象	产生原因	检修方法
触头熔焊	1. 触头弹簧脱落或断裂 2. 触头弹簧压力过小 3. 控制器容量太小	1. 调换触头弹簧 2. 调大触头弹簧压力 3. 调大控制器容量或减轻负载
触头过热	1. 触头接触不良 2. 触头上联接螺钉松动	1. 用细锉轻轻修整 2. 旋紧螺钉
操作时有卡轧现象及噪声	1. 滚动轴承损坏 2. 异物落入凸轮鼓或触头内	1. 调换轴承 2. 清除异物

10.12　自耦减压起动器

自耦减压起动器又叫做补偿器，是一种减压起动设备，常用来起动额定电压为 220V/380V 的三相笼型异步电动机。自耦减压起动器采用抽头式自耦变压器作减压起动，既能适应不同负载的起动需要，又能得到比星 - 三角起动时更大的起动转矩，并附有热继电器和失电压脱扣器，具有完善的过载和失电压保护，应用非常广泛。

自耦减压起动器有手动和自动两种。手动自耦减压起动器由外壳、自耦变压器、触头、保护装置和操作机构等部分组成。常用的 QJ3 系列手动自耦减压起动器的外形结构如图 10-11 所示。

**图 10-11 QJ3 系列手动自耦减
压起动器的外形**

自耦减压起动器的型号含义为

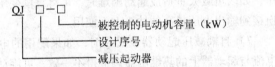

10.12.1 自耦减压起动器的选用

1）额定电压应大于或等于工作电压。

2）工作电压下所控制的电动机最大功率应大于或等于实际安装的电动机的功率。

10.12.2 自耦减压起动器的安装和使用注意事项

1）使用前，起动器油箱内必须灌注绝缘油，油加至规定的油面线高度，以保证触头浸没于油中。起动器油箱安装不得倾斜，以防绝缘油外溢。要经常注意变压器油的清洁，以保持绝缘和灭弧性能良好。

2）起动器的金属外壳必须可靠接地，并经常检查接地线，以保障电气操作人员的安全。

3）使用起动器前，应先把失电压脱扣器铁心主极面上涂有的凡士林或其他油用棉布擦去，以免造成因油的粘度太大而使脱扣器失灵的事故。

4）使用时，应在操作机构的滑动部分添加润滑油，使操作灵活方便，保护零件不致生锈。

5）起动器内的热继电器不能当作短路保护装置用，因此应在起动器进线前的主电路上串装三只熔断器，进行短路保护。

6）自耦减压起动器里的自耦变压器可输出不同的电压，如因负载太重造成起动困难时，可将自耦变压器抽头换接到输出电压较高的抽头上面使用。

7）自耦减压起动器在安装时，如果配用的电动机的电流与起动器上的热继电器调节得不一致，可旋动热继电器上的调节旋钮作适当调节。

10.12.3 自耦减压起动器的常见故障及检修方法

自耦减压起动器的常见故障及检修方法见表 10-13。

表 10-13 自耦减压起动器的常见故障及检修方法

故障现象	产生原因	检修方法
电动机本身无故障，起动器能合上，但不能起动	1. 起动电压过低，以致转矩太小	1. 将变压器抽头提高一级
	2. 熔丝熔断	2. 检查故障原因，更换熔丝
	3. 内部接线松脱或接错	3. 按电路图检查，查出原因后作适当处理

（续）

故障现象	产生原因	检修方法
电动机 起动太快	1. 自耦变压器抽头电压等级太高	1. 调整变压器的抽头电压等级
	2. 自耦变压器绕组匝间短路	2. 更换或重绕
	3. 内部接线错误	3. 按电路图检查，更正错误接线
电动机未过载，操作手柄却无法停留在"运转"位置上	1. 热继电器动作后未复位	1. 待双金属片冷却后，按复位按钮，使热继电器复位
	2. 欠电压脱扣器吸不上	2. 检查其接线是否正确，电磁机构是否有卡住现象，然后进行处理
自耦变压器发出"嗡嗡"声，油箱内发出特殊的"吱吱"声	1. 变压器铁心片未夹紧	1. 拧紧螺栓，将铁心片夹紧
	2. 变压器有线圈接地	2. 查出接地部分，重加绝缘或重绕
	3. 触头接触不良，触头上跳火花	3. 检查触头表面质量并作处理，若发现油量不足应添加
起动器发出爆炸声，同时箱内冒烟	1. 触头间发生火花放电	1. 整修或更换触头
	2. 绝缘损坏，致使导电部分接地	2. 查明故障点，并作适当处理
电动机未过载，起动器却过热	1. 油箱因油中掺有水分而发热	1. 更换绝缘油
	2. 自耦变压器绕组有匝间短路	2. 更换或重新绕制绕组
	3. 触头接触不良	3. 检查触头表面质量及接触压力，并作适当处理

（续）

故障现象	产生原因	检修方法
欠电压脱扣器不动作	1. 接线错误 2. 欠电压线圈接线端未接牢 3. 欠电压线圈已烧坏 4. 电磁机构卡住	1. 按接线图检查并改正接错部分 2. 将接线端上的线重新接好 3. 更换欠电压线圈 4. 查明原因，作适当处理
联锁机构不动作	锁片锈住或已磨损	用锉刀修整或作局部更换

10.13　磁力起动器

磁力起动器是一种全压起动设备，由交流接触器和热继电器组装在铁壳内，与控制按钮配套使用，用来对三相笼型电动机作直接起动或正反转控制。磁力起动器具有失电压和过载保护功能，如果在电动机的主电路中加装带熔丝的刀开关作隔离开关，则还具有短路保护功能。磁力起动器的外形如图 10-12 所示。

图 10-12　磁力起动器的外形

　　磁力起动器可以控制 75kW 及以下的电动机作频繁直接起动，操作安全方便，可远距离操作，应用广泛。磁力起动器分为可逆起动器和不可逆起动器两种。可逆起动器一般具有电气及机械联锁机构，以防止误操作或机械撞击引起相间短路，同时，正、反向接触器的可逆转换时间应大于燃弧时间，保证转换过程的可靠进行。

　　常用的磁力起动器有 QC8、QC10、QC12 和 QC13 等系列。它们的型号含义为

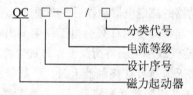

10.13.1　磁力起动器的选用

　　1）磁力起动器的选择主要是额定电流的选择和热继电器整定电流的调节，即磁力起动器的额定电流（也是接触器的额定电流）和热继电器热元件的额定电流应略大于电动机的额定电流。

　　2）磁力起动器的额定电压应等于或大于工作电压。

　　3）工作电压下所控制的电动机最大功率大于或等于实际安装的电动机功率。

10.13.2　磁力起动器的安装和使用

　　1）磁力起动器应垂直安装，倾斜不应大于 5°。磁力起动器的按钮距地面以 1.5m 为宜。

2) 检查磁力起动器内热继电器的热元件的额定电流是否与电动机的额定电流相符，并将热继电器电流调整至被保护电动机的额定电流。

3) 磁力起动器所有接线螺钉及安装螺钉都应紧固，并注意外壳应有良好接地。

4) 起动器上热继电器的热元件的额定工作电流大于起动器的额定工作电流时，其整定电流的调节不得超过起动器的额定工作电流。

5) 起动器的热继电器动作后，必须进行手动复位。

6) 磁力起动器使用日久会由于积尘发出噪声，可断电后用压缩空气或小毛刷将衔铁极面的灰尘清除干净。

7) 未将灭弧罩装在接触器上时，严禁带负荷起动磁力起动器开关，以防弧光短路。

10.13.3　磁力起动器的常见故障及检修方法

磁力起动器的常见故障及检修方法见表10-14。

表 10-14　磁力起动器的常见故障及检修方法

故障现象	产生原因	检修方法
通电后不能合闸	1. 线圈断线或烧毁	1. 修理或更换线圈
	2. 衔铁或机械部分卡住	2. 调整零件位置，消除卡住现象
	3. 转轴生锈或歪斜	3. 除锈上润滑油，或更换零件
	4. 操作回路电源容量不足	4. 增加电源容量
	5. 弹簧反作用力过大	5. 调整弹簧压力

（续）

故障现象	产生原因	检修方法
通电后衔铁不能完全吸合	1. 电源电压过低 2. 触头弹簧和释放弹簧压力过大 3. 触头超程过大	1. 调整电源电压 2. 调整弹簧压力或更换弹簧 3. 调整触头超程
电磁铁噪声过大或发生振动	1. 电源电压过低 2. 弹簧反作用力过大 3. 铁心极面有污垢或磨损过度而不平 4. 短路环断裂 5. 铁心夹紧螺栓松动，铁心歪斜或机械卡住	1. 调整电源电压 2. 调整弹簧压力 3. 清除污垢、修整极面或更换铁心 4. 更换短路环 5. 拧紧螺栓，排除机械故障
断电后接触器不释放	1. 触头弹簧压力过小 2. 衔铁或机械部分被卡住 3. 铁心剩磁过大 4. 触头熔焊在一起 5. 铁心极面有油污粘着	1. 调整弹簧压力或更换弹簧 2. 调整零件位置，消除卡住现象 3. 退磁或更换铁心 4. 修理或更换触头 5. 清理铁心极面
线圈过热或烧毁	1. 弹簧的反作用力过大 2. 线圈额定电压、频率或通电持续率等与使用条件不符 3. 操作频率过高 4. 线圈匝间短路	1. 调整弹簧压力 2. 更换线圈 3. 更换接触器 4. 更换线圈

（续）

故障现象	产生原因	检修方法
线圈过热或烧毁	5. 运动部分卡住	5. 排除卡住现象
	6. 环境温度过高	6. 改变安装位置或采取降温措施
	7. 空气潮湿或含腐蚀性气体	7. 采取防潮、防腐蚀措施

10.14　星–三角起动器

　　星–三角起动器是一种减压起动设备，适用于运行时为三角形联结的三相笼型异步电动机的起动。电动机起动时将定子绕组接成星形，使加在每相绕组上的电压降到额定电压的 $1/\sqrt{3}$，电流降为三角形直接起动的 $1/\sqrt{3}$；待转速接近额定值时，将绕组换接成三角形，使电动机在额定电压下运行。常用的 QX1 系列星–三角起动器的外形如图 10-13 所示。

图 10-13　QX1 系列星–三角起动器的外形及接线

10.14.1　星–三角起动器的型号

　　星–三角起动器的型号含义为

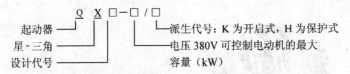

10.14.2　星-三角起动器的安装和使用

1) QX1 系列起动器的起动时间，用于 13kW 以下电动机时为 11~15s，每次起动完毕到下一次起动的间歇时间不得小于 2min。

2) QX1 系列星-三角起动器可以水平或垂直安装，但不得倒装。

3) 起动器金属外壳必须接地，并注意防潮。

4) QX1 系列为手动空气式星-三角起动器，当需操作电动机起动时，将手柄扳到"丫"位置，电动机接成星形起动，待转速正常后，将手柄迅速扳到"△"位置，电动机接成三角形运行。停机时，将手柄扳到"0"位置即可。

5) QX1 系列起动器没有保护装置，应配以保护电器使用。

6) QX3 和 QX4 系列为自动星-三角起动器，由三个交流接触器、一个三相热继电器和一个时间继电器组成，外配一个起动按钮和一个停止按钮。操作时，只按动一次起动按钮，便由时间继电器自动延迟起动时间，到事先规定的时间，便自动换接成三角形正常运行。热继电器作电动机过载保护，接触器兼作失电压保护。

7) 星-三角起动器仅适用于空载或轻载起动。

电工常用动力设备的应用

11.1 三相异步电动机的基本结构

三相异步电动机主要由定子（固定部分）和转子（转动部分）两部分组成。定子与转子间有一个很小的气隙。此外还有端盖、轴承、风扇和接线盒等。图11-1所示是三相笼型异步电动机的基本结构。

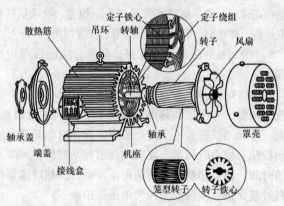

图11-1 三相笼型异步电动机的基本结构

11. 1. 1　定子

定子由机座、定子铁心、定子绕组三部分组成。

机座一般用铸铁制成，用来固定定子铁心和定子绕组，以及作为整机的底座。

定子铁心是电动机的磁路部分，用 0.5mm 厚的硅钢片叠压而成，其表面涂有绝缘漆，以减小交变磁通引起的涡流损耗。定子硅钢片的内表面冲压有均匀分布的槽口，用以安装定子绕组。槽口的数量有 24 槽、36 槽等。

定子绕组是电动机的电路部分。定子绕组是由若干线圈组成的三相对称绕组，按照一定的角度嵌放在定子铁心槽内，并与铁心绝缘。三相绕组有六个引出端，都从内部引到机座外壳的接线盒内。其中三个首端分别用 U1、V1、W1 表示，三个尾端分别用 U2、V2、W2 表示。三相定子绕组的引出端在接线盒内可以接成星形或三角形，分别如图 11-2 和图 11-3 所示。

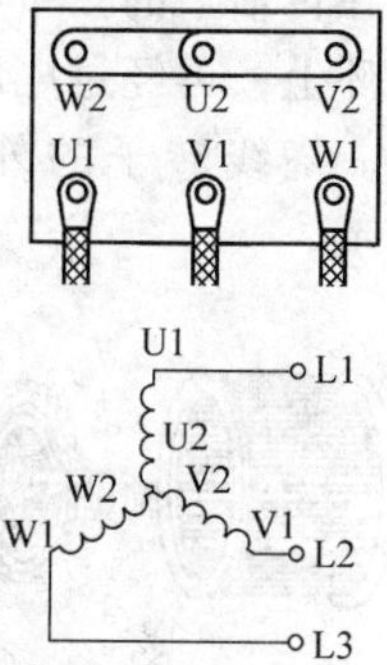

图 11-2　定子绕组的星形联结

11. 1. 2　转子

转子由转子铁心和转子绕组、转轴三部分组成。

转子铁心由硅钢片叠成压装在转轴上，在硅钢片外圆上冲有均匀分布的槽口，用来嵌入或浇铸转子绕组。

转子绕组有笼型和绕线型两种。中、小型电动机一般为笼型转子绕组，即在转子铁心槽内嵌入铜条（见图 11-4）或用铸铝直接注入形成铝条（见图 11-5），并用铜环或铸铝在其两端焊接或直接铸成两个环（称为端环），以形成闭合回路。因其外形像鼠笼，所以称为笼型式转子绕组。绕线转子绕组是在转子铁心槽内嵌入三个对称的绕组，三个绕组起始端接到固定在转轴上的三个彼此绝缘的集电环上，再经过电刷与外电路连接。绕线转子的外形如图 11-6 所示。

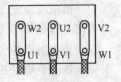

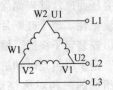

图 11-3　定子绕组的三角形联结

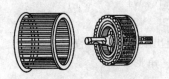

图 11-4　用铜条做绕组的笼型转子

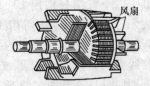

图 11-5　铸铝的笼型转子

　　转轴用来支承转子，并随转子一起转动，转轴用中碳钢制成，可以承受很大的转矩，加上带轮后用以带动工作机械运转。转轴通过轴承固定在机座两端的端盖上。

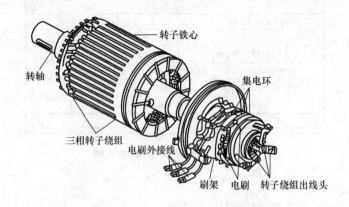

图 11-6 绕线转子

11.2 三相异步电动机的铭牌

每台电动机的机壳上都有一块金属标牌，称为电动机的铭牌。铭牌上面标有电动机的型号、规格和有关技术数据。铭牌就是一个简单的说明书，是选用电动机的主要依据。

11.2.1 铭牌的一般形式

三相异步电动机铭牌的一般形式如图 11-7 所示。

11.2.2 铭牌的含义

铭牌上主要数据的意义如下。

三相异步电动机			
型号Y100L2—4	50Hz	接线图	
3kW	220/380V	接法△/Y	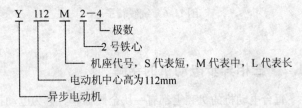
6.8A	转速1430r/min	工作制S1	
绝缘等级B		防护等级IP44	
噪声级Lw60dB(A)		质量38kg	
编号001258	年　月	JB/T9616—1999	
中国××电机厂			

图11-7　三相异步电动机的铭牌

1. 型号

常见电动机的型号含义为

```
Y    112   M   2-4
                 └── 极数
             └── 2 号铁心
         └── 机座代号，S 代表短，M 代表中，L 代表长
    └── 电动机中心高为112mm
└── 异步电动机
```

2. 额定功率

电动机的额定功率又称额定容量，它表示这台电动机在额定工作状况下运行时，机轴上所能输出的机械功率，单位为千瓦（kW）。

3. 频率

频率是指电动机所接交流电源的频率。我国目前采用50Hz 的频率。

4. 额定电压

额定电压是指电动机在额定运行状态下加在定子绕组上的线电压，单位为伏（V）。通常铭牌上标有两种电压，如 220/380V，表示这台电动机可用于线电压为 220V 的三相电源，也可用于线电压为 380V 的三相电源。通常，电动机只有在额定电压下运行才能输出额定功率。

5. 额定电流

电动机的额定电流是指电动机在额定电压、额定频率和额定负载下定子绕组的线电流，单位为安（A）。电动机定子绕组为△联结时，线电流是相电流的 $\sqrt{3}$ 倍；为 Y 联结时，线电流等于相电流。一般电动机电流受外加电压、负载等因素影响较大，所以了解电动机所允许通过的最大电流为正确选择导线、开关以及电动机上所接的熔断器和热继电器提供了依据。

对于额定电压为 380V、功率不超过 55kW 的三相异步电动机，其额定电流的安培数近似等于额定功率千瓦数的 2 倍，通常称为"1 千瓦 2 安培关系"。例如，10kW 电动机的额定电流约为 20A；17kW 电动机的额定电流约为 34A。

6. 额定转速

额定转速是指电动机在额定电压、额定频率和额定功率情况下运行时，转子每分钟所转的转数。单位为转/分钟（r/min）。通常额定转速比同步转速低 2% ~ 6%。同步转速、电源频率和电动机磁极对数有如下关系：

$$同步转速 = 60 \times 频率/磁极对数$$

如：两极电动机（一对磁极）

同步转速 $= 60 \times 50/1 = 3000$（r/min）

四极电动机（两对磁极）

同步转速 $= 60 \times 50/2 = 1500$（r/min）

两极电动机的额定转速为 2930r/min 左右，四极电动机的额定转速为 1440r/min 左右。

7. 绝缘等级

绝缘等级是指电动机绕组所用绝缘材料的耐热等级，它表明电动机所允许的最高工作温度。有的电动机铭牌上只标注最高允许温度（环境温度为 40℃ 时电动机的最高允许温度）而未标注绝缘等级，其对应关系见表 11-1。

表 11-1　电动机的绝缘等级和最高允许温度

（环境温度为 40℃）

绝缘等级	Y	A	E	B	F	H	C
最高允许温度/℃	90	105	120	130	155	180	180 以上

8. 定额

定额是指电动机在额定情况下，允许连续使用时间的长短。定额分连续、短时和断续三种。连续（S1）是指电动机连续不断地输出额定功率而温升不超过铭牌允许值。短时（S2）表示电动机不能连续使用，只能在规定的较短时间内输出额定功率。断续（S3）表示电动机只能短时输出额定功率，但可多次断续重复起动和运行。

9. 温升

温升是指电动机长期连续运行时的工作温度比周围环境温度高出的数值。我国规定周围环境的最高温度为 40℃。例如，若电动机的允许温升为 65℃，则其允许的工作温度为 65℃ + 40℃ = 105℃。电动机的允许温升与所用绝缘材料等级有关。电动机运行中的温度如果超过极限温升，会使绝缘材料加速老化，缩短电动机的使用寿命。

10. 防护等级

防护等级是指电动机外壳（含接线盒等）防护电动机电路部分的能力。在铭牌中以 IPxy 的方式给出，其中，IP 是国际通用的防护等级代码，后面的 x 和 y 分别是一个数字，x 是 0~6 共 7 个数字，代表防固体能力；y 是 0~8 共 9 个数字，代表防液体（一般指水）的能力。数字越大，防护能力越强。

11. 功率因数

功率因数是指电动机从电网所吸收的有功功率与视在功率的比值。视在功率一定时，功率因数越高，有功功率越大，电动机对电能的利用率也越高。

12. 联结方法

电动机定子绕组的常用联结方法有星形（Y）和三角形（△）两种。定子绕组的接线方式与电动机的额定电压有关。当铭牌上标明 220/380V，接线方式为 △/Y 时，表示电动机用于 220V 线电压时，三相定子绕组应接成三角形；用于 380V 线电压时，三相绕组须接成星形。接线时不能任意改变联结方法，否则会损坏电动机。

13. 标准编号

标准编号表示本电动机所执行的技术标准。如 Y 系列电动机执行 JB/T 10391—2008 标准。

14. 质量

质量指电动机本身的质量，供起重运输时参考。

15. 出厂日期

出厂日期指电动机作为合格产品的出厂时间。

16. 出厂编号

电动机铭牌上标出出厂编号，其目的是便于质量跟踪和查寻。

11.3　电动机的选择

11.3.1　电动机类型的选择

电动机品种繁多，结构各异，分别适用于不同的场合，选择电动机时，首先应根据配套机械的负载特性、安装位置、运行方式和使用环境等因素来选择，从技术和经济两方面进行综合考虑后确定选择什么类型的电动机。

对于无特殊变速调速要求的一般机械设备，可选用机械特性较硬的笼型异步电动机。对于要求起动特性好，在不大范围内平滑调速的设备，一般应选用绕线转子异步电动机。对于有特殊要求的设备，则选用特殊结构的电动机，如小型卷扬机、升降设备等，可选用锥形转子制动电动机。

11.3.2　电动机功率的选择

电动机的功率，应根据生产机械所需要的功率来选择，尽量使电动机在额定负载下运行。实践证明，电动机的负载为额定负载的70%～100%时效率最高。电动机的功率选择过大，就会出现"大马拉小车"现象，其输出机械功率不能得到充分利用，功率因数和效率都不高。电动机的功率选得过小，就会出现"小马拉大车"现象，造成电动机长期过载，使其绝缘因发热而损坏，甚至电动机被烧毁。一般对于采用直接传动的电动机，功率以1～1.1倍负载功率为宜；对于采用带传动的电动机，功率以1.05～1.15倍负载功率为宜。

另外，在选择电动机时，还要考虑到配电变压器容量的大小。一般直接起动时最大一台电动机的功率不宜超过变压器容量的30%。

11.3.3　电动机转速的选择

应根据电动机所拖动机械的转速要求来选用转速相对应的电动机。

1）如果采用联轴器直接传动，电动机的额定转速应与生产机械的额定转速相同。

2）如果采用带传动，电动机的额定转速不应与生产机械的额定转速相差太多，其传动比一般不宜大于3。

3）如果生产机械的转速与电动机的转速相差很多，则可选择转速稍高于生产机械转速的电动机，再另配减速器，使两者都在各自的额定转速下运行。

在选择电动机的转速时，不宜选得过低，因为电动机的额定转速越低，极数越多，体积越大，价格越高。但高转速的电动机，起动转矩小，起动电流大，电动机的轴承也容易磨损。因此在工农业生产上选用同步转速为 1500r/min（四极）或 1000 r/min（六极）的电动机较多，这类电动机适用性强，功率因数和效率也较高。

11.3.4　电动机防护形式的选择

电动机的防护形式有开启式、防护式、封闭式和防爆式等。应根据电动机工作环境进行选择。

1）开启式电动机内部的空气能与外界畅通，散热条件很好，但是它的带电部分和转动部分没有专门的保护，只有在干燥和清洁的工作环境下使用。

2）防护式电动机有防滴式、防溅式和网罩式等种类，可以防止一定方向内的水滴、水浆等落入电动机内部，虽然它的散热条件比开启式差，但应用得比较广泛。

3）封闭式电动机的机壳是完全封闭的，被广泛应用于灰尘多和湿气较大的场合。

4）防爆式电动机的外壳具有严密密封结构和较高的机械强度，有爆炸性气体的场合应选用封闭式电动机。

11.4 电动机的使用

11.4.1 电动机使用前的准备工作

为了确保电动机的正常运转，减少不必要的机械电气损坏，使电气设备的故障消除在发生之前，电动机在使用前要做好以下准备工作。

1）首先消除电动机及其周围的尘土杂物，用500V绝缘电阻表测量电动机相间以及三相绕组对地绝缘电阻，如图11-8所示，测得的电阻值不应小于0.5MΩ，否则应对电动机进行干燥处理，使绝缘达到要求后方能使用。

a) 测电动机相间绝缘　　　　b) 测电动机绕组对地绝缘

图11-8　用绝缘电阻表测电动机绝缘情况

2）核对电动机铭牌是否与实际的各项数据配套一致，如接线方法是否正确，功率是否配套，电压是否相符，转速是否符合要求。

3）检查电动机各部件是否齐全，装配是否完好。

4）检查电动机转子并带上机械负载，看其转动是否灵活。

5）检查电动机所配的传动带是否过紧或过松，或是联轴器螺钉、销子是否牢固，对于电动机与机械对轮的配合要检查间隙是否合适。

6）检查电源是否正常，有无断相现象，电压是否过高或过低，只有在电源电压符合要求时方能起动电气设备。

7）在准备起动电动机之前还应通知在机械传动部件附近的人员远离，确定电气设备以及机械设备无误的情况下，通知操作人员按操作规程起动电动机。

11.4.2   电动机起动时应注意的问题

起动电动机时，要注意以下几个问题。

1）在电动机接通电源后，发现电动机不转，应立即断开电源，查明原因，方能再次起动，不允许带电检查电动机不转的原因。

2）电动机起动后要观察电动机的旋转方向是否符合机械负载要求，如水泵、浆泵，上面标有方向铭牌，看看是否一致。如是其他机械应注意观察机械传动方向是否正确，如果方向与要求相反，应立即断开电源，将三相电源线中的任意两根线互相调换一下即可。

3）电动机的起动次数应尽可能减少，空载连续起动不能超过每分钟 3~5 次，电动机长期运行停机后再起动，其连续次数不应超过每分钟 2~3 次。

11.4.3   电动机在运行中的监视与维护

电动机运行中的监视与维护见表 11-2。

表 11-2 电动机运行中的监视与维护

名称	图示	说明
电压监视		电源电压与额定电压的偏差不应超过 ±5%，三相电压不平衡度不应超过 1.5%
电流监视	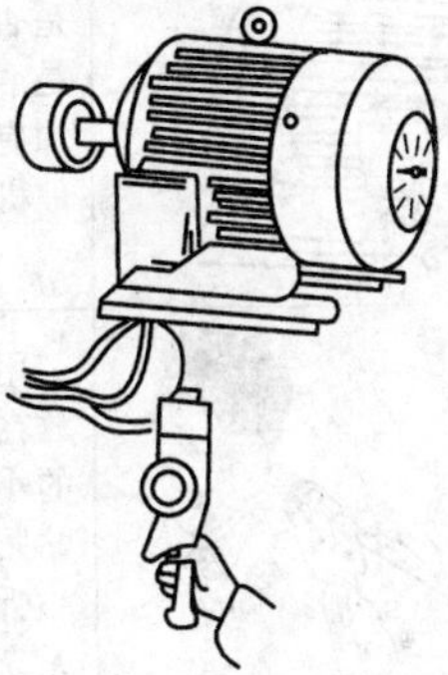	用钳形电流表测量电动机的电流，三相电流不平衡度，空载时不超过 10%，中载以上时不超过 5%。如果三相严重不平衡或超过电动机的额定电流，应立即停机检查
机组传动情况监视	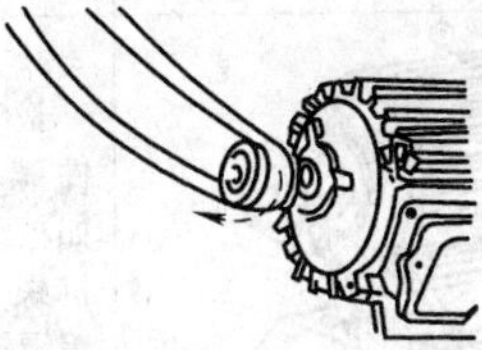	检查传动带连接处是否良好，传动带松紧是否合适，机组转动是否灵活，有否卡位、窜动及不正常的现象等

（续）

名称	图示	说明
电动机温升监视	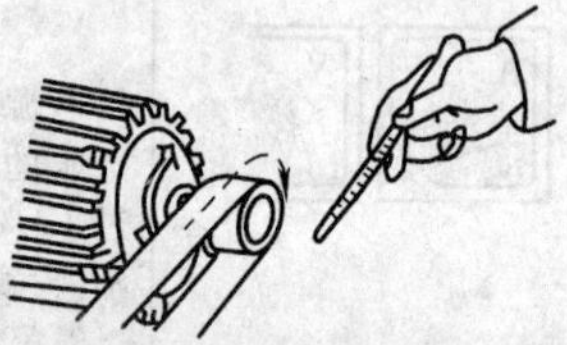	用温度计测量，如发现电动机温度过高，要立即停止运行，查明原因并处理，排除故障后方能继续使用
运行声音监视		注意电动机响声是否正常，电动机是否有焦臭气味，如有其他异常也应停机检修
轴承声音监视		用长柄螺丝刀头放在电动机轴承外的小油盖上，耳朵贴紧螺丝刀柄，细心听轴承运行中有无杂音、振动，以判断轴承运行情况
检查固定螺钉		检查电动机各部件螺钉是否拧紧，如松动应紧固电动机螺钉及机座、小盖螺钉

（续）

名称	图示	说明
检查电动机接线		检查电动机接线是否符合要求，外壳是否可靠接地或接零
检查电动机绝缘电阻		定期在断开电源情况下，测量电动机绕组绝缘电阻。如发现绝缘电阻过低，尤其是电动机受潮时，要及时做干燥处理

11.5 电工常用配电电路

11.5.1 利用封闭式负荷开关手动正转控制电路

利用封闭式负荷开关控制电路如图11-9所示。图中QS-FU表示封闭式负荷开关。当合上封闭式负荷开关，电动机就能转动，从而带动生产机械旋

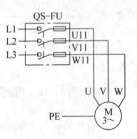

图11-9 利用封闭式负荷开关控制电路

转。拉闸后电动机停止运行，这种电路简单并且常用，也被广泛应用于控制较小功率（0.1~5.5kW）的电动机控制电路中，作不频繁起动停止控制。

11.5.2　用倒顺开关的正反转控制电路

常用的倒顺开关有 HZ3-132 型和 QX1-13M/4.5 型。控制电路如图 11-10 所示。

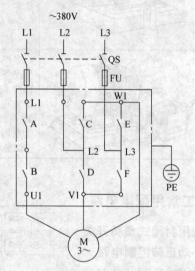

图 11-10　用倒顺开关的正反转控制电路

倒顺开关有六个接线柱；L1、L2 和 L3 分别接三相电源，U1、V1 和 W1 分别接电动机。倒顺开关的手柄有三个位置；当手柄处于停止位置时，开关的两组动触头都不与静触头接触，所以电路不通，电动机不转。当手柄拨到正转位置时，A、B、C、F触头闭合，电动机接通电源正向运转，当电动机需向反方向运转时，可把倒顺开关手柄拨到反转位置上，这时A、B、D、E触头接通，电动机换相反转。

在使用过程中电动机处于正转状态时欲使它反转，必须先把手柄拨至停转位置，使它停转，然后再把手柄拨至反转位置，使它反转。

倒顺开关一般适用于4.5kW以下的电动机控制电路。

11.5.3　具有过载保护的正转控制电路

有很多生产机械因负载过大、操作频繁等原因，使电动机定子绕组中长时间流过较大的电流，有时熔断器在这种情况下尚未及时熔断，以致引起定子绕组过热，影响电动机的使用寿命，严重的甚至烧坏电动机。因此，对电动机还必须实行过载保护。

具有过载保护的正转控制电路如图11-11所示。当电动机过载时，主电路热继电器FR的热元件所通过的电流超过额定电流值，使FR内部发热，其内部金属片弯曲，推动FR常闭触头断开，接触器KM的线圈断电释放，电动机便脱离电源停转，起到了过载保护作用。

11.5.4　点动与连续运行控制电路

需要点动控制时，按下点动复合按钮SB3，其常闭触头先断开KM的自锁电路，随后SB3常开触头闭合，接通起动控制电路，接触器KM线圈获电吸合，KM主触头闭合，电动机M起动运转。松开SB3时，其已闭合的常开

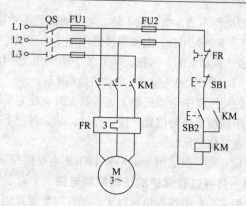

图 11-11 具有过载保护的正转控制电路

触头先复位断开，使接触器 KM 失电释放，KM 主触头断开，电动机停转。

　　若需要电动机连续运转，按下长动按钮 SB2，由于按钮 SB3 的常闭触头处于闭合状态，将 KM 自锁触头接入电路，所以接触器 KM 获电吸合并自锁，电动机 M 连续运行。停机时按下停止按钮 SB1 即可，电路如图 11-12 所示。

11.5.5 避免误操作的两地控制电路

　　需要开车时，位于甲地的操作人员按住起动按钮 SB2，这时只能使安装在乙地的蜂鸣器 HA2 得电鸣响，待位于乙地的操作人员听到铃声按下起动按钮 SB3 后，使安装在甲地的蜂鸣器 HA1 得电鸣响，接触器 KM 才能得电吸合并自锁，其主触头闭合，电动机 M 才能起动，与此同时，KM 的常闭触头断开，使 HA1、HA2 失电。

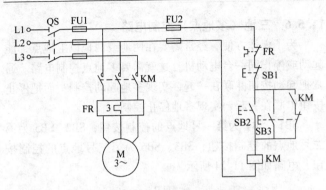

图 11-12 点动与连续运行控制电路

需要停车时，甲地的操作人员可以按下 SB1，乙地的操作人员可以按下 SB4，电路如图 11-13 所示。

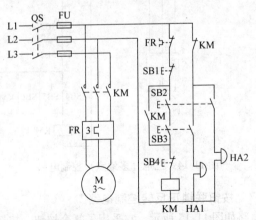

图 11-13 避免误操作的两地控制电路

11.5.6　三地（多地点）控制电路

为了操作方便，经常需要在两地或两地以上地点，能起动或停止同一台电动机，这就需要多地点控制电路。通常把起动按钮并联在一起，实现多地起动控制；而把停止按钮串联在一起，实现多地停止控制。

SB1、SB4 为第一号地点的控制按钮；SB2、SB5 为第二号地点的控制按钮；SB3、SB6 为第三号地点的控制按钮，电路如图 11-14 所示。

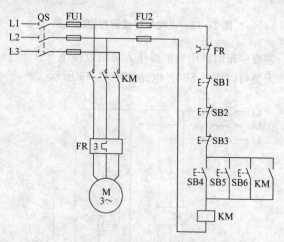

图 11-14　三地（多地点）控制电路

11.5.7　按钮联锁正反转控制电路

电路如图 11-15 所示，它采用了复合按钮，按钮互锁连接。当电动机正做正向运行时，按下反转按钮 SB3 时，首先是使接在正转控制电路中的 SB3 的常闭触头断开，于是，正转接触器 KM1 的线圈断电释放，触头全部复原，电动机断电但做惯性运行，紧接着 SB3 的常开触头闭合，使反转接触器 KM2 的线圈获电动作，电动机立即反转起动。这既保证了正反转接触器 KM1 和 KM2 不会同时通电，又可不按停止按钮而直接按反转按钮进行反转起动。同样，由反转运行转换成正转运行，也只需直接按正转按钮。

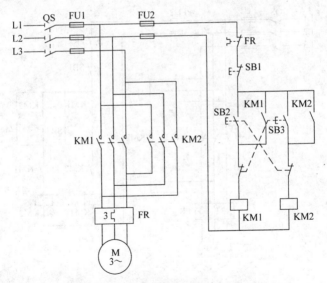

图 11-15　按钮联锁正反转控制电路

　　这种电路的优点是操作方便，缺点是如正转接触器主触头发生熔焊，分断不开时，直接按反转按钮进行换向，会产生短路事故。

11.5.8　接触器联锁的正反转控制电路

　　图 11-16 所示为接触器联锁正反转控制电路。图中采用两个接触器，即正转用的接触器 KM1 和反转用的接触器 KM2，由于接触器的主触头接线的相序不同，所以当两个接触器分别工作时，电动机的旋转方向相反。

　　电路要求接触器不能同时通电。为此，在正转与反转

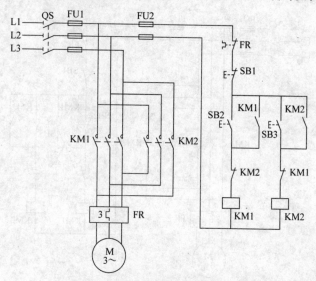

图 11-16　接触器联锁的正反转控制电路

控制电路中分别串联了 KM2 和 KM1 的常闭触头，以保证
KM1 和 KM2 不会同时通电。

11.5.9 按钮、接触器复合联锁的正反转控制电路

图 11-17 所示是复合联锁正反转控制电路，它集中了
按钮联锁、接触器联锁的优点，即当正转时，不用按停止
按钮即可反转，又可避免接触器主触头发生熔焊分断不开
时，造成短路事故。

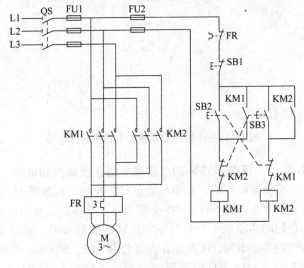

图 11-17　按钮、接触器复合联锁的正反转控制电路

11.5.10 用按钮点动控制电动机起停电路

当需要电动机工作时，合上电源开关 QS，按下按钮

SB，交流接触器 KM 线圈获电吸合，KM 主触头闭合，使三相交流电源通过接触器主触头与电动机接通，电动机 M 便起动运行。当放松按钮 SB 时，由于接触器线圈断电，吸力消失，接触器便释放，其主触头断开，电动机 M 断电停止运行，电路如图 11-18 所示。

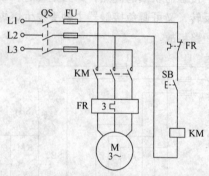

图 11-18　用按钮点动控制电动机起停电路

11.5.11　接触器联锁的点动和长动正反转控制电路

接触器联锁的点动和长动正反转控制电路如图 11-19 所示，复合按钮 SB3、SB5 分别为正、反转点动按钮，由于它们的常闭触头分别与正、反转接触器 KM1、KM2 的自锁触头相串联，因此操作点动按钮 SB3、SB5 时，接触器 KM1、KM2 的自锁支路被切断，自锁触头不起作用，只有点动功能。

按钮 SB2、SB4 分别为正、反转起动按钮，SB1 为停止按钮。

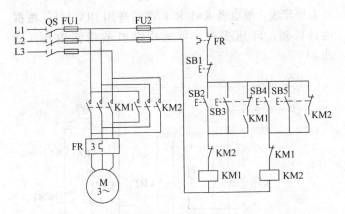

图 11-19　接触器联锁的点动和长动正反转控制电路

11.5.12　单线远程正反转控制电路

在需要离电动机较远的场所控制电动机的起停或正反转运行，架设一根导线，就可完成电动机起停和正反转的控制过程，单线远程正反转控制电路如图 11-20 所示。

用户在甲地拨动多挡开关 S，当拨到位置"1"时，乙地的电动机停止；当拨到位置"2"时，乙地的电动机因交流电 36V 通过 VD1，再经过地线、大地使 VD3 导通，继电器 KA1 吸合，接触器 KM1 动作，电动机开始正转运行；当拨到位置"3"时，此时二极管 VD2、VD4 导通，继电器 KA2 吸合，这时 KM2 得电吸合，电动机反转运行。

此电路接线简单，并可在需要远距离控制电动机时节约大量导线。继电器 KA1 和 KA2 可选用 JRX-13F，根据电路长短，降压多少，可选用继电器线圈电压 12V 或 24V。

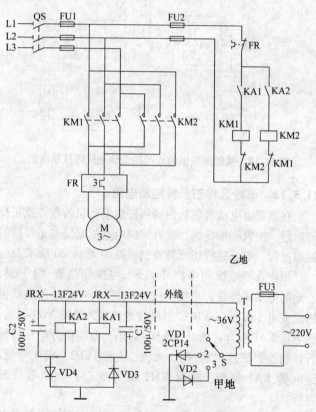

图 11-20　单线远程正反转控制电路

11. 5. 13　用转换开关预选的正反转起停控制电路

　　大家知道，要使三相异步电动机反转，只需将引向电动机定子的三相电源线中的任意两根导线对调一下即可。图 11-21 所示电路是利用开关 S 先预选正反转，然后用单个按钮控制起停，主电路未画。

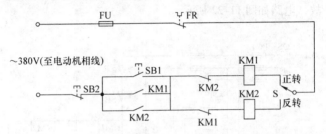

图 11-21　用转换开关预选的正反转起停控制电路

11. 5. 14　自动往返控制电路

　　按下 SB2，接触器 KM1 线圈获电动作，电动机起动正转，通过机械传动装置拖动工作台向左运动；当工作台上的挡铁碰撞行程开关 SQ1（固定在床身上）时，其常闭触头断开，接触器 KM1 线圈断电释放，电动机断电停转；与此同时 SQ1 的常开触头闭合，接触器 KM2 线圈获电动作并自锁，电动机反转，拖动工作台向右运动；这时行程开关 SQ1 复原。当工作台向右运动行至一定位置时，挡铁碰撞行程开关 SQ2，使常闭触头断开，接触器 KM2 线圈断电释放，电动机断电停转，同时 SQ2 常开触头闭合，接通 KM1 线圈电路，电动机又开始正转。这样往复循环直到工作完毕。按下停止按钮 SB1，电动机停转，工作台停止运动。另外，还有两个行程开关 SQ3、SQ4 安装在工作台往返运动的方向上，它们处于工作台正常的往返行程之外，起终端保护作用，以防 SQ1、SQ2 失效，造成事故，电路如图 11-22 所示。

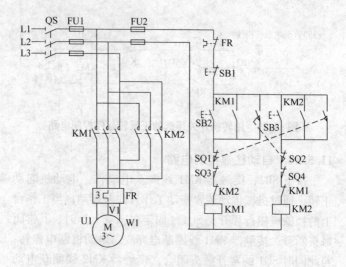

图 11-22　自动往返控制电路

11.5.15　单线远程控制电动机起停电路

当远地控制电动机起动、停止时，为了节省导线，可以采用单根导线控制的电动机起停电路，单线远程控制电动机起停电路如图 11-23 所示。

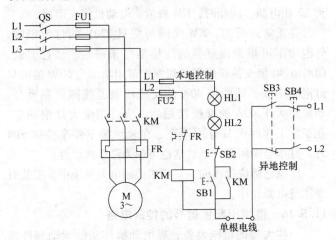

图 11-23　单线远程控制电动机起停电路

　　本地控制：合上电源开关 QS，按下起动按钮 SB1，接触器 KM 得电吸合并自锁，电动机 M 起动运转。按下停止按钮 SB2，电动机停止运转。安装连接时，本地控制按钮按一般常规控制电路连接，只是在本地停止按钮前串联两只灯泡。

　　远地控制：合上电源开关，当需要远地起动电动机时，按下远程控制按钮 SB3，远地的 L1 相电源给交流接触器 KM 线圈供电，KM 吸合，电动机起动运转，放松按钮 SB3，本地 L1 相电源通过两只灯泡继续给交流接触器

KM 供电。远地停车时，按下按钮 SB4，KM 线圈两端都为 L2 相电源，同相时，KM 释放，电动机停止运行。

　　在正常运行时，KM 线圈与两只 220V 的灯泡串联，灯泡功率可根据接触器的规格型号来确定。经过实验，CDC10-40 型交流接触器的线圈，可用功率为 60W 的两只灯泡相串联，即能使 40A 的交流接触器线圈可靠吸合。如果是大于 40A 的交流接触器，应适当增大灯泡功率。在正常工作时两只灯泡不亮，在远地按下停车按钮 SB4 时，灯泡会瞬间亮一下，这也可作为停车指示灯。

　　此电路都应接在同一三相四线制电力系统中。安装时要注意电源相序。

11.5.16　能发出起停信号的控制电路

　　一些大型的机械设备，靠电动机传动的运动部件移动范围很大，故开车前都需发出开车信号，经过一段时间再起动电动机，以便告知工作人员及维修人员远离设备，图 11-24 所示电路可实现自动发出开车信号这一功能。

　　需要开车时，按下开车按钮 SB2，继电器 KA 得电吸合并自锁，其常开触头闭合，电铃和指示灯均发出开车信号，此时时间继电器 KT 也同时得电，经过 1min 后（时间可根据需要调整），KT 常开触头延时闭合，接触器 KM 线圈获电，KM 主触头闭合，常开辅助触头自锁，电动机 M 开始运转，同时由于 KM 的吸合，其常闭触头又断开了 KA 和 KT，电铃和指示灯失电停止工作。

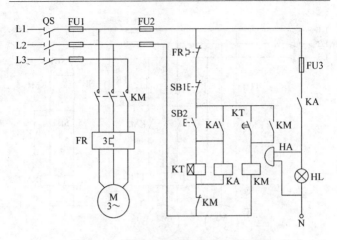

图 11-24 能发出起停信号的控制电路

11.5.17 两台电动机按顺序起动同时停止的控制电路

　　某些生产机械有两台以上的电动机，因它们所起的作用各不相同，有时必须按一定的顺序起动，才能保证正常生产，两台电动机按顺序起动同时停止的控制电路如图 11-25 所示。

　　按下 SB2，接触器 KM1 获电吸合并自锁，其主触头闭合，电动机 M1 起动运转。KM1 的自锁触头闭合，为 KM2 得电做准备。若接着按下 SB3，则接触器 KM2 获电吸合并自锁，电动机 M2 起动运转。

　　按下 SB1，接触器 KM1 和 KM2 均失电释放，电动机 M1 和 M2 同时停转。

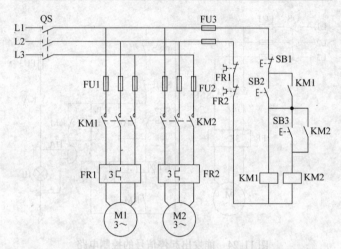

图 11-25　两台电动机按顺序起动同时停止的控制电路

11.5.18　两台电动机按顺序起动分开停止的控制电路

两台电动机在按顺序起动运转后，第二台电动机就不再受限于第一台电动机。也就是说，第二台电动机必须在第一台电动机起动后才能起动，但当第一台电动机停转后，第二台电动机仍能保持运转。本电路能实现这一要求，两台电动机按顺序起动分开停止的控制电路如图 11-26 所示。

按下 SB2，接触器 KM1 获电吸合并自锁，其主触头闭合，电动机 M1 起动运转，KM1 的常开触头作为先决条件串联在接触器 KM2 线圈控制电路中，保证 M1 起动后 M2 才能起动。按下 SB4，接触器 KM2 获电吸合并自锁，电动机 M2 起动运转。

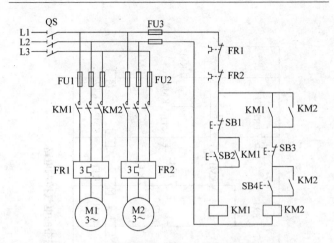

图 11-26　两台电动机按顺序起动分开停止的控制电路

　　按下 SB1，接触器 KM1 断电释放，其主触头断开，电动机 M1 停止运转，由于 KM2 的常开辅助触头并联在 KM1 常开辅助触头的两端，所以在接触器 KM1 断电释放，M1 停转后，M2 仍能保持运转。需要 M2 停车时，按下 SB3，接触器 KM2 断电释放，其主触头断开，电动机 M2 停止运转。

11.5.19　两条运输原料传送带的电气控制电路

　　有两条传送带，分别由两台电动机拖动，在拖动第一条传送带的电动机 M1 先行起动后，经过一段时间后，拖动第二条传送带的电动机 M2 自动起动；在电动机 M2 停车后，再经过一段时间，电动机 M1 自动停车，两条运输原料传送带的电气控制电路如图 11-27 所示。

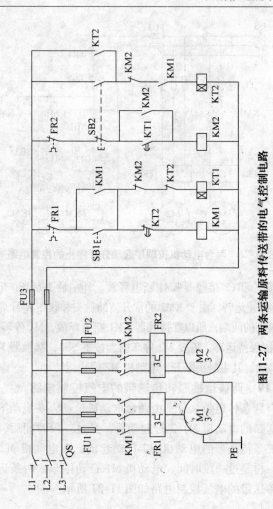

图11-27　两条运输原料传送带的电气控制电路

起动时，按下按钮 SB1，接触器 KM1 和时间继电器 KT1 得电吸合，KM1 主触头闭合，辅助触头自锁，电动机 M1 起动运转。经过一段时间，时间继电器 KT1 延时闭合触头闭合，接触器 KM2 得电吸合并自锁，电动机 M2 起动运转。KM2 串联在 KT1 线圈回路中的常闭触头断开，使 KT1 失电释放。

停车时，按下复合按钮 SB2，接触器 KM2 失电释放，其主触头断开，电动机 M2 停转。SB2 的另一触头闭合接通了时间继电器 KT2 线圈回路，KT2 得电吸合，其瞬动触头闭合，在 SB2 放松后，KT2 线圈仍保持吸合。经过一段时间，KT2 延时断开触头断开，接触器 KM1 失电释放，其主触头断开，电动机 M1 停转。同时，KM1 的常开触头断开 KT2 线圈回路，KT2 失电释放。

11.5.20　多台电动机可同时起动又可有选择起动的控制电路

组合机床通常是多刀、多面同时对工件进行加工，这样就要求多台电动机同时起动，而且要求这些电动机能单独调整。本例为三台电动机可同时起动又可有选择起动的控制电路。其中 SA1、SA2、SA3 为复合开关，分别为三台电动机单独工作的调整开关，多台电动机可同时起动又可有选择起动的控制电路如图 11-28 所示。

起动时，复合开关 SA1～SA3 均处于常开触头断开、常闭触头闭合的状态。按下起动按钮 SB2，KM1、KM2、KM3 同时得电吸合并自锁，三台电动机 M1、M2、M3 同时起动。按下停止按钮 SB1 时，KM1、KM2、KM3 同时失电释放，电动机 M1、M2、M3 同时停转。

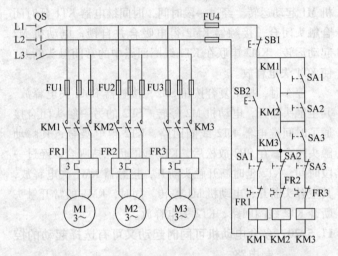

图 11-28　多台电动机可同时起动又可有选择起动的控制电路

　　如果要对某台电动机所控制的部件单独调整，比如，对 KM1 所控制的部件要作单独调整，即需电动机 M1 单独工作，只要扳动 SA2、SA3，使其常闭触头断开，常开触头闭合，这时按下 SB2，则只有 KM1 得电吸合并自锁，使 M1 起动运行，达到单独调整的目的。这样经过选择 SA1～SA3，即可选择使用哪一台电动机。

11.5.21　HZ5 系列组合开关应用电路

　　用 HZ5 系列组合开关控制三相异步电动机完成正反

转转换接线，如图 11-29a 所示。

用 HZ5 系列组合开关控制三相异步电动机星-三角转换接线，如图 11-29b 所示。

用 HZ5 系列组合开关控制双速电动机进行速度变换接线，如图 11-29c 所示。

用 HZ5 系列组合开关控制三速电动机进行速度变换接线，如图 11-29d 所示。

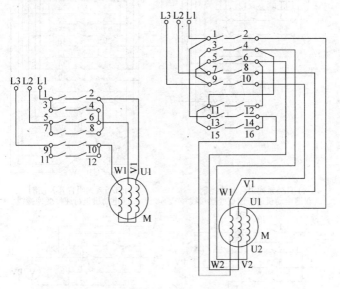

a) HZ5系列组合开关控制三相异
步电动机完成正反转转换接线

b) HZ5系列组合开关控制
三相异步电动机星-三角转换接线

图 11-29 HZ5 系列组合开关应用电路

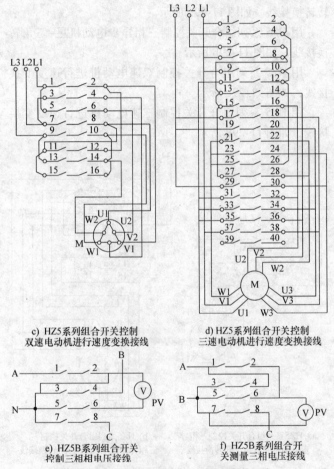

c) HZ5系列组合开关控制
双速电动机进行速度变换接线

d) HZ5系列组合开关控制
三速电动机进行速度变换接线

e) HZ5B系列组合开关
控制三相相电压接线

f) HZ5B系列组合开
关测量三相电压接线

图 11-29 HZ5 系列组合开关应用电路（续）

用 HZ5B 系列组合开关控制三相相电压接线，如图 11-29e所示。

用 HZ5B 系列组合开关测量三相电压接线，如图 11-29f所示。

11.5.22 电动葫芦的电气控制电路

电动葫芦是用来提升或下降重物，并能在水平方向移动的起重运输机械。它具有起重量小、结构简单、操作方便等优点。一般电动葫芦只有一个恒定的运行速度，广泛应用于工矿企业中进行小型设备的安装、吊运和维修，电动葫芦的电气控制电路如图 11-30 所示。

电动机 M1 为吊钩升降电动机，用来提升货物，由接触器 KM1、KM2 进行正反转控制，以实现吊钩升降。YB 为吊钩电动机 M1 的电磁制动器，它的线圈两端与电动机 M1 的两相电源线并联在一起，当 M1 得电时，YB 也得电并松闸，让电动机 M1 转动；M1 失电时，YB 也失电，靠弹簧力将 M1 制动。

SB1、SB2 为吊钩电动机 M1 的正反向复合起动按钮，正向接触器 KM1、KM2 线圈电路间采用复合按钮和接触器双重联锁。由于无自锁触头，因此松开按钮 SB1 或 SB2，KM1 或 KM2 就失电释放，电动机 M1 就停止转动。SQ1、SQ2 为上下限位行程开关。

M2 为移动机构电动机，用来水平移动货物，由接触器 KM3、KM4 进行正反转控制，采用复合按钮和接触器双重联锁，实现电动机 M2 的水平移动，M2 停止时不需

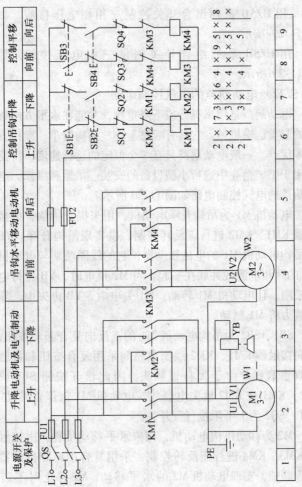

图11-30 电动葫芦的电气控制电路

要电磁制动, 控制电路中设有限位开关 SQ3、SQ4 进行限位保护, 防止电动葫芦移位时超出允许行程。

11.5.23 用八挡按钮操作的桥式起重机控制电路

在城镇、乡镇企业工厂里, 桥式起重机是起吊重物的重要工具之一。图 11-31 所示为一般桥式起重机用八挡按钮操作控制电路。其中总开、总停为一般交流接触器连接方法, 图中上、下、左、右、前、后控制电路为点动, 对应的交流接触器为 KM3、KM4、KM5、KM6、KM7、KM8, 并且电路中附加有限位开关以及换相互锁电路。

11.5.24 10t 桥式起重机的电气控制电路

桥式起重机是一种用来吊起和下放重物, 以及在固定范围内装卸、搬运物料的起重机械, 广泛应用于工矿企业、车站、码头、港口、仓库、建筑工地等场所, 是现代化生产不可缺少的机械设备, 10t 桥式起重机的电气控制电路如图 11-32 所示。

图中有 4 台绕线转子电动机, 即提升电动机 M1、小车电动机 M2、大车电动机 M3 和 M4, R1 ~ R4 是 4 台电动机的调速电阻。电动机转速由 3 只凸轮控制器控制: QM1 控制 M1, QM2 控制 M2, QM3 控制 M3 和 M4。停车制动分别由制动器 YB1 ~ YB4 进行。

三相电源经刀开关 QS1、电路接触器 KM 的主触头和过电流继电器 FA0 ~ FA4 的线圈送到各凸轮控制器和电动机的定子。

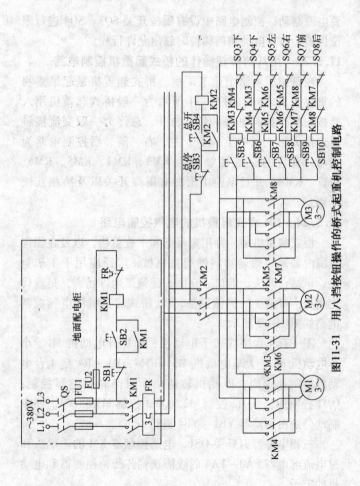

图11-31 用八挡按钮操作的桥式起重机控制电路

　　扳动 QM1 ~ QM3 中的任一个，它的 4 副主触头能控制电动机的正反转，中间 5 副触头能短接转子电阻以调节电动机的转速，大车电动机、小车电动机和提升电动机的转向和转速都能得到控制。

　　M2 是小车电动机，R2 是调速电阻，YB2 是制动电磁铁，KM 是电路接触器，FA0 与 FA2 是过电流继电器，SQ6 是门开关的安全保护，SA1 是紧急停开关，SB 是起动按钮。QM2 为 KTJ1-50/1 型凸轮控制器，其中上面 4 副常开触头（1 ~ 4）用来控制电动机的正反转，下面 5 副常开触头（5 ~ 9）用来切换电动机的转子电阻以起动和调节电动机的转速，最后 1 副常开触头 12 作零位保护用（此触头只有在零位时才接通），另两个触头（10、11）分别与两个终端限位开关 SQ3 和 SQ4 串联，作终端保护用。触头 10 只有在零位和正转（向前）时是接通的，触头 11 只有在零位和反转（向后）时是接通的。

　　如果门开关 SQ6 和紧急开关 SA1 是闭合的，控制器放在零位，合上电源开关 QS1 后，按下起动按钮 SB，接触器 KM 得电吸合并自锁。自锁回路有两条，分别由控制器触头 10 和 SQ3 以及触头 11 和 SQ4 组成。三相电源中有一相直接接电动机定子绕组。若将控制器放到正转 1 挡，触头 1、3、10 闭合（此时 KM 仅经 SQ3、触头 10 和自锁触头通电），定子绕组通电，制动电磁铁 YB2 将制动器打开，转子接入全部电阻，电动机起动工作在最低转速挡。当控制器放在正转 2、3、4、5 各挡时，触头 5 ~ 9 逐个闭

吊钩凸轮控制器触头闭合表

状态位置 触头	向上 5	4	3	2	1	0	向下 1	2	3	4	5
1	×	×	×	×	×						
2		×	×	×	×						
3			×	×	×			×			
4				×	×			×	×		
5	×				×			×	×	×	
6	×	×						×	×	×	×
7							×	×	×	×	×
8					×		×	×	×	×	
9					×		×	×	×		
10						×	×	×			
11						×	×				
12						×					

小车凸轮控制器触头闭合表

状态位置 触头	向后 5	4	3	2	1	0	向前 1	2	3	4	5
1		×	×	×	×						
2	×	×	×	×							
3			×	×				×	×		
4		×							×	×	
5									×	×	×
6	×	×	×					×			
7							×	×			
8							×				
9					×		×				
10					×	×					
11						×					
12						×					

大车凸轮控制器触头闭合表

状态位置 触头	向右 5	4	3	2	1	0	向左 1	2	3	4	5
1		×	×	×					×	×	×
2	×	×	×						×	×	×
3					×			×			
4	×	×	×						×	×	×
5			×						×		
6		×	×						×	×	
7	×	×								×	×
8											
9	×	×	×						×	×	×
10					×		×				
11	×	×	×						×	×	×
12					×						
13					×		×				
14											
15	×	×								×	×
16					×		×				
17	×	×	×	×	×		×	×	×	×	×

总电源	电源	吊钩	小车	大车	保护	
					限位 零位	安全 过电流

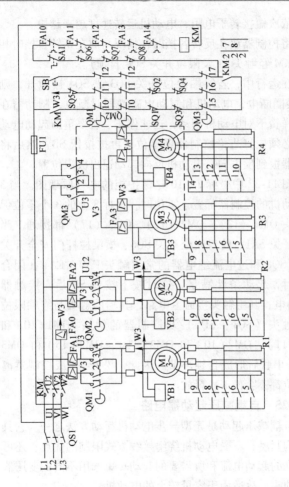

图11-32 10t桥式起重机的电气控制电路

合，依次短接转子电阻，电动机运转速度越来越快。

　　将控制器放在反转各挡时，情况与放在正转各挡时相似（KM 经触头 11 及限位开关 SQ4 自锁）。

　　在运行中，若终端限位开关 SQ3 或 SQ4 被撞开，则KM 线圈断电，电动机和制动电磁铁同时断电，制动器在强力弹簧下对电动机制动，迅速停车。若要重新起动电动机，必须先将凸轮控制器置零位，再按按钮 SB，然后将控制器扳到反方向，电动机反向起动退出极限位置。

　　图 11-32 中坐标 7～10 是保护柜的电气原理图。当 3 台电动机的控制器都置于零位时，坐标 8 上的 3 个零位保护触头 QM1（12）、QM2（12）、QM3（17）都接通。当急停开关 SA1、舱口安全开关 SQ6、横梁栏杆门安全开关SQ7、SQ8 和过电流继电器的常闭触头 FA0～FA4 在闭合位置时，起动条件满足。这时按下按钮 SB 后，接触器KM 得电，其主触头接通主电路，其辅助触头与终端限位开关触头（SQ1～SQ5）及控制器的触头［QM1(10) 和QM1(11)、QM2(10) 和 QM2(11)、QM3(15) 和 QM3(16)］串联后形成自锁环节。因此，松开 SB 或控制器离开零位都不会使 KM 释放。

11.5.25　自耦减压起动器电路

　　自耦减压起动是笼型异步电动机起动方法之一。它具有结构紧凑，不受电动机绕组接线方式限制的优点，还可按容许的起动电流和所需要的起动转矩选用不同的变压器电压抽头，故适用于容量较大的电动机。

工作原理如图 11-33 所示。起动电动机时，将刀柄推向起动位置，此时三相交流电源通过自耦变压器与电动机相连接。待起动完毕后，把刀柄打向运行位置切除自耦变压器，使电动机直接接到三相电源上，电动机正常运转。此时吸合线圈 KV 得电吸合，通过联锁机构保持刀柄在运行位置。停转时，按下按钮 SB 即可。

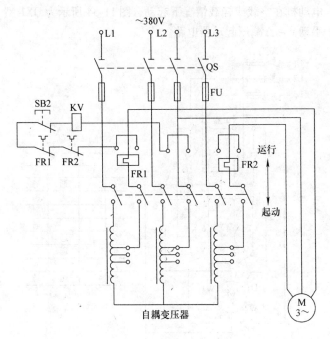

图 11-33　自耦减压起动器电路

自耦变压器二次侧设有多个抽头，可输出不同的电压。一般自耦变压器二次电压是一次电压的 40%、60%、80% 等，可根据起动转矩需要选用。

11.5.26　QX1 型手动控制丫－△减压起动电路

丫－△减压起动的特点是操作方便、电路结构简单，起动电流是直接起动时的 1/3。丫－△减压起动只适用于电动机在空载或轻载情况下起动，图 11-34 所示为 QX1 型手动丫－△减压起动器电路。

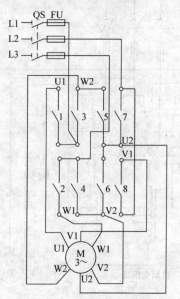

触头	手柄位置		
	0	丫	△
1		通	通
2		通	通
3			通
4			通
5		通	
6		通	
7			通
8		通	通

图 11-34　QX1 型手动控制丫－△减压起动电路

图中 L1、L2 和 L3 接三相电源，U1、V2、W1、U2、V2 和 W2 接电动机。当手柄转到"0"位时，八副触片都断开，电动机断电不运转；当手柄转到"Y"位置时，1、2、5、6、8 触头闭合，3、4、7 触头断开，电动机定子绕组接成星形减压起动；当电动机转速上升到一定值时，将手柄扳到"△"位置，这时 1、2、3、4、7、8 触头接通，5、6 触头断开，电动机定子绕组接成三角形正常运行。

11.5.27 XJ01 型自动补偿减压起动控制柜电路

工矿、企业、乡镇工厂在需要自动控制起动的场合，常采用 XJ01 型自动起动补偿器。主要有自耦变压器、交流接触器、中间继电器、时间继电器和控制按钮等组成。

XJ01 型自动起动补偿器工作原理如图 11-35 所示。接通电源，灯 I 亮，按下起动按钮 SB1，KM1 线圈得电，KM1 主触头闭合，电动机减压起动。KM1 闭合自锁，灯 II 亮。KM1 常闭触头断开，灯 I 灭，KT 得电，其常开触头延时闭合，KA 线圈获电，KA 常闭触头断开，KM1 断电，KM1 常开触头断开。同时 KA 常开触头闭合，KM2 线圈得电，KM2 主触头闭合，电动机全压运行，其 KM2 常开触头闭合，灯 III 亮。

11.5.28 75kW 电动机起动配电柜电路

功率较大的电动机也可采用配套的配电柜来满足起动的要求，图 11-36 所示是 75kW 电动机起动配电柜的电路。这种起动器具有自动操作功能和手动操作功能两种。自动操作时，合上电源开关，绿色指示灯亮，按下按钮开

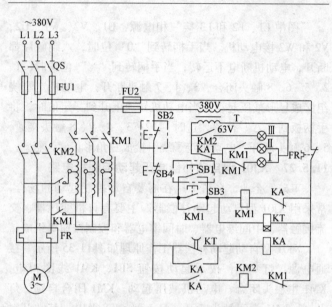

图 11-35　XJ01 型自动起动补偿器电路

关 SB1 时，KM3 和时间继电器 KT 得电吸合，同时 KM3
常开触头闭合，KM2 也吸合，松开按钮 SB1，KM3 自锁
触头继续接通 KM3、KM2、KT 线圈回路，保持继续吸合。
这时，电源电压便通过自耦变压器减压后接入电动机，使
电动机减压起动，经过一定时间，时间继电器 KT 动作，
使 KT 延时常开触头闭合，中间继电器 KA 得电吸合，并
自锁。由于 KA 的吸合，断开了 KM3、KM2、KT 的通电
线圈使它们释放复位，同时在 KM3、KM2 释放后，其控

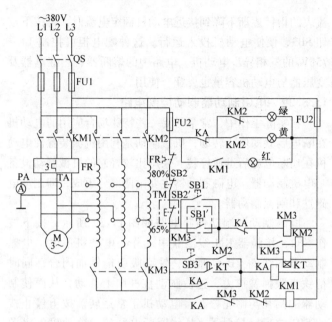

图 11-36 75kW 电动机起动配电柜电路

制常闭触头闭合，接通接触器 KM1，接触器 KM1 便投入
电动机运行状态，电动机在全压下运行。同时黄灯（起
动指示灯）熄灭，红灯（运行指示灯）亮，当需停止电
动机运行时，可按下停止按钮 SB2，电动机即停止工作。
电路中按钮 SB3 为手动直接投入运行按钮，它的作用是
当时间继电器失灵，不能自动投入运行时，可先按下自动
按钮 SB1，等电动机达到额定转速接近同步转速时，即电

流表的指针逐渐下降到接近电动机额定电流时，再按下按钮 SB3，便使电动机投入运行。这种配电柜可控制 14 ～ 75kW 的三相异步电动机。电路中的熔断器、热继电器及变压器与电动机容量也要配套使用。

11.5.29 电磁制动器制动控制电路

在实际工作中，常常需要一些特殊场合应用的电动机在断电后立即停止转动，机械制动是利用机械装置使电动机在切断电源后迅速停转。采用比较普遍的机械制动设备是电磁制动器。电磁制动器主要由两部分组成，即制动电磁铁和闸瓦制动器。

电磁制动器制动控制电路如图 11-37 所示，按下按钮 SB2，接触器 KM 线圈获电动作，电动机通电。电磁制动器的线圈 YB 也通电，铁心吸引衔铁而闭合，同时衔铁克服弹簧拉力，迫使制动杠杆向上移动，从而使制动器的闸瓦与闸轮松开，电动机正常运转。按下停止按钮 SB1 之后，接触器 KM 线圈断电释放，电动机的电源被切断，电磁制动器的线圈也同时断电，衔铁释放，在弹簧拉力的作用下使闸瓦紧紧抱住闸轮，电动机就迅速被制动停转。

这种制动在起重机械上以及要求制动较严格的设备上被广泛采用。当重物吊到一定高处，电路突然发生故障断电时，电动机断电，电磁制动器线圈也断电，闸瓦立即抱住闸轮，使电动机迅速制动停转，从而可防止重物掉下。另外，也可利用这一点将重物停留在空中某个位置上。

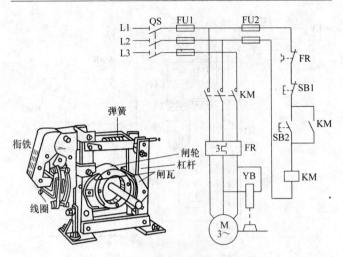

图 11-37　电磁制动器制动控制电路

11.5.30　单向运转全波整流能耗制动电路

单向运转全波整流能耗制动电路如图 11-38 所示，当按下起动按钮 SB2 时，接触器 KM1 获电吸合并自锁，其主触头闭合，电动机起动运行。

停车时，按下停止按钮 SB1，接触器 KM1 失电释放，其主触头断开，电动机断电作惯性运转，同时 KM1 常闭触头闭合，接触器 KM2 获电吸合，KM2 主触头和常开触头闭合，电动机绕组通入全波整流直流电进行制动。KM2 线圈获电同时，时间继电器 KT 也获电动作，其常开触头闭合，使 KM2 和 KT 线圈吸合并自锁，时间继电器 KT 延

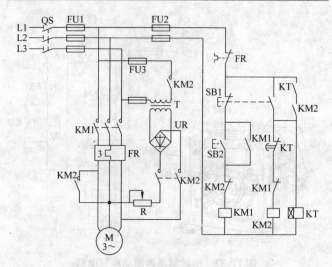

图 11-38　单向运转全波整流能耗制动电路

时断开触头延时动作。经过一定时间后，时间继电器延时分断触头断开，使接触器 KM2 失电释放，切断直流电源，制动结束。

11. 5. 31　单相照明双路互备自投供电电路

在重要的场所里，照明一般是不允许停电的，例如大型商场、公共场所、变电所等，这就需要双路电源供电。如果把双路电源安装成自动切换投入，就会节省大量人力，免得再去操心切换一组停电造成的断电现象，省去人力值班，达到自动控制之目的。图 11-39 所示是单相照明双路互备自投供电电路，当一路电源因故停电时，备用电源能自动投入。图中 S1、S2 为小型开关，KM1、KM2 为交流接触器。工作时，先合上开关 S1，交流接触器 KM1 吸合，由 1 号电源供电。然后合上开关 S2，因 KM1、KM2 互锁，此时 KM2 不会吸合，2 号电源处于备用状态。如果 1 号电源因故断电，交流接触器 KM1 释放，其常闭触头闭合，接通 KM2 线圈电路，KM2 吸合，2 号电源投入供电。在操作中也可以先合上开关 S2，后合上开关 S1，使 1 号电源为备用电源。

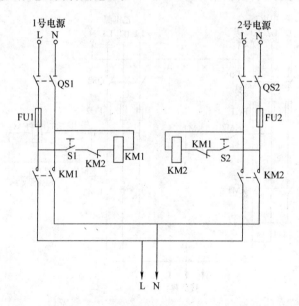

图 11-39　单相照明双路互备自投供电电路

11.5.32　双路三相电源自投电路

图 11-40 所示是一双路三相自投电路，用电时可同时合上刀开关 QS1 和 QS2，KM1 得电吸合，同时，时间继电器 KT 也得电，但由于 KM1 的吸合，KM1 常闭触头又断开了时间继电器的电源，这时甲电源向负载供电。当甲电源因故停电时，KM1 接触器释放，这时 KM1 常闭触头闭合，接通时间继电器 KT 线圈上的电源，时间继电器经延时数秒钟后，使 KT 延时常开触头闭合，KM2 得电吸

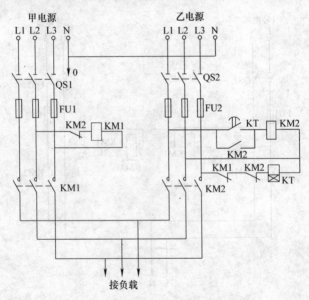

图 11-40　双路三相电源自投电路

合，并自锁。由于 KM2 的吸合，其常闭触头一方面断开延时继电器线圈电源，另一方面又断开 KM1 线圈的电源回路，使甲电源停止供电，保证乙电源进行正常供电。如果乙电源工作一段时间停电后，KM2 常闭触头会自动接通线圈 KM1 的电源，换为甲电源供电。

接触器应根据负载大小选定，时间继电器可选用 0 ~ 60s 的交流时间继电器。

11.5.33 自动节水电路

在某些缺水的地方加装一台自动节水器尤为实用，图 11-41 所示是一台自动节水器，当水箱中的水位处在检测电极 B 以下时，IC 的 2 脚为低电平，IC 导通，继电器 K 得电吸合，K 的触头（1-2）接通，电磁阀 YV 得电放水。当水箱水位到达检测电极 A 的最低端时，电极 A-C 导通，IC 的 2 脚为高电平，IC 截止，K 失电，K 的触头（1-2）断开，YV 停止注水。K 的触头（3-4）闭合，接通电极 A、B。当水箱的水用到 A 极低端以下，由于 A、

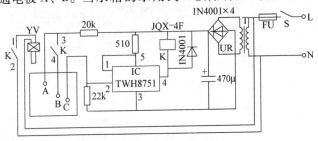

图 11-41 自动节水电路

B 两极经 K 触头（3-4）接通，使 IC 的 2 脚仍为高电平，IC 保持截止状态。直至水位低于 B 极最低端时，IC 导通，YV 才又进入放水状态。

11.5.34　电力变压器自动风冷电路

电力变压器在夏天连续运行时，自身温度会超过 65℃，故需加风机进行降温，否则会烧坏电力变压器。图 11-42 所示是一种利用电接点温度计改制的电力变压器自动风冷装置电路。在高温时起动风机；在低温时，则停

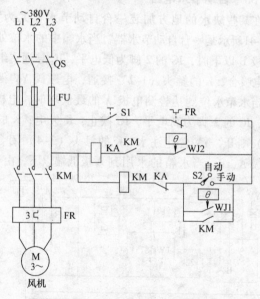

图 11-42　电力变压器自动风冷电路

止风机工作。WJ1 为电接点温度计的上限触头，WJ2 为下限触头。当变压器运行，温度升到上限值时，WJ1 闭合，风机起动；当变压器温度降为下限时，WJ2 闭合，KA 动作，使风机停止工作。

11.5.35 用电接点压力表做水位控制

用电接点压力表做水位控制，可有效地防止由于金属电极表面氧化引起的导电不良，使晶体管液位控制器失控。

如图 11-43 所示，将电接点压力表安装在水箱底部附近，把电接点压力表的三根引线引出，接入此电路中。当开关 S 拨到"自动"位置时，如果水箱里面液面处于下限时，电接点压力表动触头接通 KA1 继电器线圈，继电器 KA1 吸合，接触器 KM 得电动作，电动机水泵运转，向水箱供水，当水位液面达到上限值时，电接点压力表动触头与 KA2 接通，KA2 吸合，其常闭触头断开 KM 线圈回路，使电动机停转，停止注水。待水箱里面的水用完，下降到下限时，KA1 再次吸合，接通接触器 KM 线圈电源，使水泵重新运转抽水，这样反复进行下去，达到自控水位的目的。如需人工操作时，可将电路中的开关 S 拨到"手动"位置，按下按钮 SB1 可起动水泵电动机。按下按钮 SB2 可使水泵停止向水箱供水。

电路中继电器 KA1、KA2 线圈电压为 380V。

11.5.36 UQK-2 型浮球液位变送器接线电路

UQK-2 浮球液位变送器可用于多种场合的开口及压力容器内进行液面连续检查，该仪表用不锈钢材料制造，耐腐蚀

性强，适用范围广，其结构简单、工作可靠、不受被测介质
导电性能的影响，无泡沫，不会造成虚假液位的现象。

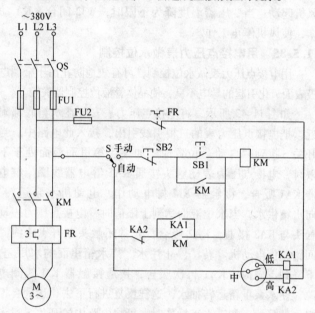

图 11-43　用电接点压力表做水位控制

UQK-2 型浮球液位变送器工作原理：仪表由接线盒、
导管、磁性浮球及挡圈组成，导管内装有磁敏器件和电阻
骨架板，UQK-2 型浮球液位变送器外形结构如图 11-44a
所示。当液面发生变化时，浮球沿导管随液面升降，在浮
球磁场作用下导管内磁敏器件依次闭合，从而得到正比于

液位的电阻信号，实行对液位的连续检测，UQK-2 型浮球液位变送器接线电路如图 11-44b 所示。

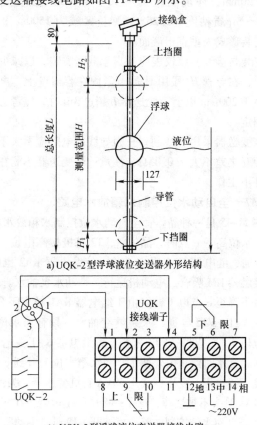

a) UQK-2型浮球液位变送器外形结构

b) UQK-2型浮球液位变送器接线电路

图 11-44 UQK-2 型浮球液位变送器

技术指标：测量范围为 0 ~ 4 ~ 7m；误差范围为
±10 ~ 20mm；环境温度为 – 10 ~ 150℃；工作压力 ≥
0.6MPa；介质粘度 ≥1.25St；测量区域为 1500m 上下两
端；安装形式为垂直于液面。

安装与接线：该仪表应垂直于液面安装，以减少浮球
的阻力，在导管 H_2 段用 U 形卡紧固在容器壁上，离壁距
离不小于 200mm 以上，变送器 L 超过 3m 时，应考虑上下
两端固定。

该变送器采用三线制，三根导线的电阻应不大于 5Ω，
并且相互之差不大于 0.05Ω，注意：该变送器不能在强磁
场条件下工作。

11.5.37　全自动水位控制水箱放水电路

图 11-45 是一种晶体管全自动水位控制水箱放水电路。
当水箱水位高于 c 点时，晶体管 VT2 基极接高电位，VT1、
VT2 导通，继电器 KA1 得电动作，使继电器 KA2 也吸合，
因此接触器 KM 吸合，电动机运行，带动水泵抽水。此时，
水位虽下降至 c 点以下，但由于继电器 KA1 触头闭合，故
仍能使 VT1、VT2 导通，水泵继续抽水。只有当水位下降
到 b 点以下时，VT1、VT2 才截止，继电器 KA1 失电释放，
致使水箱无水时停止向外抽水。当水箱水位上升到 c 点时，
再重复上述过程。变压器选用 50VA 行灯变压器，为保护继
电器 KA1 触头不被烧坏，加了一个中间继电器。在使用中，
如需维修自动水位控制电路，可把开关拨到"手动"位置，
这样可暂时用手动操作起停电动机。

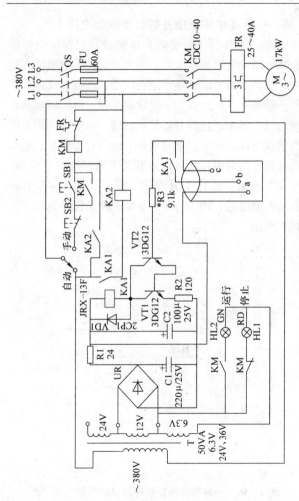

图11-45　全自动水位控制水箱放水电路

11.5.38　一种高位停低位开的自动控制电路

　　用电接点压力表（温度表）可组成高位停低位开的自动控制电路，它可控制水位、压力、温度等应用到自动控制中，例如，热力站送热水进行供暖，测得温度达到高值时停止送热水，温度低到一定设定值时，电动机重新自动起动进行供热水，达到自动控制目的。水位也同理，能达到测量仪表在高位时，电动机停止运行，低位时，电动机自动起动，另外电路还可通过开关手动切换为"自动"与"手动"位置，操作十分方便，举一反三，可组合出各种自动控制电路，图 11-46 所示是一种高位停低位开的自动控制电路。

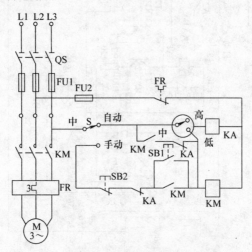

图 11-46　一种高位停低位开的自动控制电路

11.5.39　电流型漏电保护器电路

电流型漏电保护器电路如图 11-47 所示。在正常情况下，通过零序电流互感器的一次（又称初级）电流为零时，二次（又称次级）感应电流也为零，无输出信号。当用电设备绝缘损坏发生漏电时，如果人接触带电部分，人体通过大地形成回路，电流互感器的二次侧将感应出信号来。当信号电流达到漏电动作电流值时，便会通过漏电脱扣器使断路器迅速自动断开电源，起到漏电保护作用，从而保证人身安全。

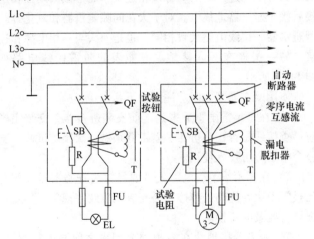

图 11-47　电流型漏电保护器电路

这种电流型漏电保护器分为二极、三极、四极等规格。使用中，要经常检查漏电保护器在漏电时动作是否可靠。漏电保护器通常都安装有试验按钮，在电源回路中串接一个与人体阻值差不多的对地电阻，按下按钮，电流便会从负载相线经按钮通过电阻回到 N 线，这时模拟人体触电，达到人体通过电流后，内部小型灵敏继电器应能可靠动作，联动自动断路器跳闸，断开供电电源。

11.5.40　电能表的防雷接线电路

避雷装置应装在架空线进户内的低压进线处，对电能表和低压电气设备可产生避雷保护，它是将每个避雷器的上桩头分别与进户后的电源线相连接，而下桩头则互相连接后接于避雷器地线上。对于火花间隙避雷器和氧化锌阀型避雷器，接线电路大致相同，也是一头与三相电源相连接，另一头连在一起接地。电能表的防雷接线电路如图 11-48所示。

使用避雷器装置时应注意以下几点：

1）在每年雷雨季节来到之前安装避雷器，安装完毕应检查接线是否正确可靠。避雷器须做一次预防试验，验收合格后方可投入使用。

2）在雷雨季节，电工人员要经常检查避雷器外部有无被雷电火花烧伤的痕迹、外壳有无裂纹等现象，如发现损坏，要及时更换。

3）避雷器接地线在雷雨季节到来之前要进行测试，接地电阻应小于4Ω。

4）雷雨季节后应将避雷器退出运行。

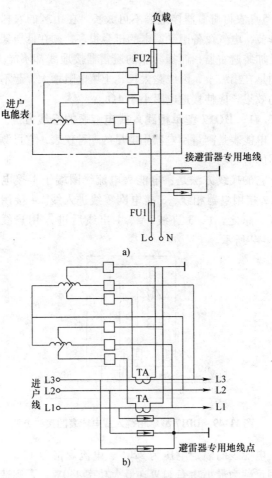

图 11-48 电能表的防雷接线电路

5）农村避雷器接地线不可太长。在山区的农村，雷雨季节，电气设备遭受雷击的机会很多，须在低压架空线路上加装避雷器，而加装后的避雷器接地线却不能太长，特别是在山坡上，因线路太长，土壤电阻增大，起不到避雷的效果，应使接地电阻小于4Ω。

11.5.41 DD17型单相跳入式电能表的接线方法

电能表是测量用电器用电量的一种仪表，它可测量用电器的有功功率。

它的接线方法是：电能表电流线圈端子 1 接电网相线，2 接用电器相线，3 接电网零线进入线，4 接用电器零线。总之，1、3 进线，2、4 出线后进入用户线，如图 11-49所示。

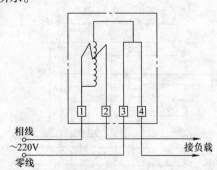

图 11-49 DD17 型单相跳入式电能表的接线方法

电能表的额定电压为 220V、电流规格为 1(2) A 时，选用负载为最小功率 11W，最大功率 440W，否则造成电能表度数计费不准或超载时烧坏电能表。以此类推，如电能表为 2.5(5) A 时，选用负载为 27.5～1100W；如电能表为 5(10) A 时，选用负载为 55～2200W；如电能表为 30 (60) A 时，选用负载为 330～13200W；如电能表为 60 (120) A 时，选用负载则为 660～26400W。

电能表安装时的注意事项如下：

1）检查表罩上所加铅封是否完整。

2）电能表应安装在干燥、稳固的地方，避免阳光直射，忌湿、热、霉、烟、尘、砂及腐蚀性气体。位置要装得正，如有明显倾斜，容易造成计量不准、停走或空走等故障。电能表可挂得高些，但要便于抄表。

3）电能表应安装在涂有防潮漆的木制底盘或塑料底盘上。在盘的凸面上，用木螺钉或机制螺钉固定电能表。电能表的电源引入线和引出线可通过盘的背面（凹面）穿入盘的正面后进行接线，也可以在盘面上走明线，用塑料线卡固定整齐。

4）必须按接线图接线，同时注意拧紧螺钉和紧固一下接线盒内的小钩子。

11.5.42 单相电能表测有功功率顺入接线方法

图 11-50 所示是一种单相电能表测有功功率的顺入接线方法。目前这种方法较少见，多用于老式电能表。此处提供这种电路供有老式电能表的用户参考。它是由接线端子 1、2 进线，3、4 出线，电源的相线必须接在接线端子 1 上。

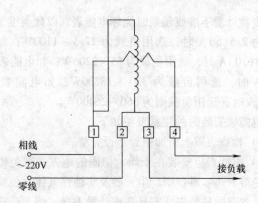

相线
~220V

零线

接负载

图 11-50　单相电能表测有功功率顺入接线方法

电能表使用时的注意事项如下：

1）电能表装好后，合上刀开关，开亮电灯，转盘即从左向右转动。

2）关灯后，转盘有时还在微微转动，如不超过一整圈，属正常现象。如超过一整圈后继续转动，试断开 3、4 两根线（指跳入式电能表接线），若不再连续转动，则说明电路上有毛病；如仍转动不停，就说明电能表不正常，需要检修。

3）电能表内有交流磁场存在，金属罩壳上产生感应电流是正常现象，不会费电，也不影响安全和正确计数。若因其他原因使外壳带电，则应设法排除，以保安全。

11.5.43　DT8 型三相四线制电能表接线方法

图 11-51a 所示是 DT8 型 40～80A 直接接入式三相四

线制有功功率电能表接线。三相四线三元件电能表实际上是 3 个单相电能表的组合，它有 3 个电流线圈、3 个电压线圈和 10 个接线端子。

图 11-51b 所示是 DT8 型 5～10A、25A 三相四线制有功功率电能表接线，它有 11 个接线端子。接线时，应按照相序及端钮上所标的线号接线，接线端子 1、4、7、10

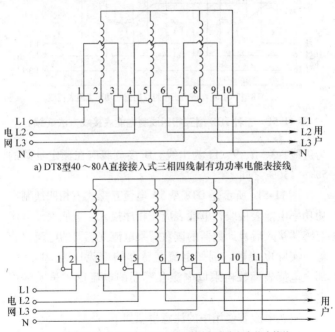

a) DT8型40～80A直接接入式三相四线制有功功率电能表接线

b) DT8型5～10A、25A三相四线制有功功率电能表接线

图 11-51 三种 DT8 型三相四线制电能表接线方法

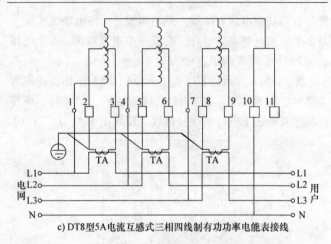

c) DT8型5A电流互感式三相四线制有功功率电能表接线

图 11-51 三种 DT8 型三相四线制电能表接线方法（续）

为进线，3、6、9、11 为出线。所接负载应在额定负载的 5% ~ 150% 之间。

图 11-51c 所示是 DT8 型 5A 电流互感式三相四线制有功功率电能表接线，电能表应按相序接入。电能表经电流互感器接入后，计数器的读数需乘电流互感器的电流比才等于实际电能数。例如电流互感器的电流比为 200/5A，那么电能表读数再乘以电流互感器的电流比才是实际用电量。

三相电能表使用中的注意事项如下：

1）电能表使用的负载应在额定负载的 5% ~ 150% 之内，例如 80A 电能表可在 4 ~ 120A 范围内使用。

2）电能表运转时转盘从左向右，切断三相电流后，转盘还会微微转动，但不超过一整转，转盘即停止转动。

3）电能表的计数器均具有 5 位读数，标牌窗口的形式分为一红格、全黑格和全黑格 ×10 三种，当计数器指示值为 38225 时，一红格的表示为 3822.5kWh，全黑格的表示为 38225kWh，全黑格 ×10 的表示为 382250kWh。

PLC 控制技术入门与应用

PLC 是可编程序控制器（Programmable Logic Controller）英文字母的缩写，是微型计算机技术与继电器常规控制技术相结合的产物，是在顺序控制器的基础上发展起来的新型控制器，是一种以微处理器为核心用作数字控制的专用计算机，学好 PLC 控制技术，对提高电工新知识技能大有帮助。

12.1 PLC 的组成结构

常用的 PLC 有 IP 系列和 C 系列。

IP 系列 PLC 是第四代微型可编程序控制器，是由美国 IBM 公司于 20 世纪 90 年代开发的小型 PLC 产品。它以一个高性能的单片微处理机为核心，构成一种整体式的 PLC，可靠性高。IP 系列 PLC 可与微型计算机实时通信，把微型计算机作为上位机，构成多级控制或集散控制。

日本 OMRON 公司生产的 PLC，在我国广泛用于工业过程控制和自动化制造、机械加工等领域。OMRON C 系列 PLC 有大、中、小型机及超小型机，十几种型号，其中 C20、C20P；C28P、C60P 为超小型机，I/O 点数从几十点扩展到 140 点。C120、C200H 为小型机，C200H 最多可达到 384 点，可连接智能 I/O 模块，是一种小型高性能的 PLC。中型 PLC 有 C500 和 C1000H 两种，I/O 点数分别为 512 点和 1024 点，C1000H PLC 采用多处理器结构，功能齐全，处理速度与大型机相同。C2000H 为大型机，它采用积木式 CPU 母板（双 CPU 母板），使其功能全、容量大、速度快，I/O 点数可达 2048 点，是目前 OMRON 公司生产的一种功能较强的 PLC。

按结构形式不同，PLC 分为整体式和模块式两种。

整体式 PLC 将所有的电路都装入一个模块内，构成一个整体。因此，它的特点是结构紧凑、体积小、质量轻。

模块式 PLC 采用搭积木的方式组成系统，在一块基板上插上 CPU、电源、I/O 模块及特殊功能模块，构成一个总 I/O 点数很多的大规模综合控制系统。这种结构形式的特点是 CPU 模块、输入/输出都是独立模块。因此，可以根据不同的系统规模选用不同档次的 CPU 及各种 I/O 模块、功能模块。其模块尺寸统一、安装方便，对于 I/O 点数很多的大型系统的选型、安装调试、扩展、维修等都非常方便。这种结构形式的 PLC 除了各种模块以外，还需要用基板（主基板、扩展基板）将各模块连成整体；有多块基板时，则还要用电缆将各基板连在一起。

图 12-1 为 PLC 结构形式的外形图。PLC 的输入电路

是用来收集被控设备的输入信息或操作命令的；输出电路则是用来驱动被控设备的执行机构的。而执行机构与输入信号或操作命令之间的控制逻辑则靠微处理器执行用户编制的控制程序来实现的。

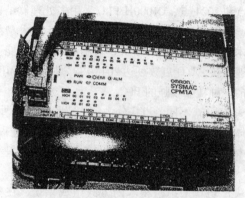

图 12-1　　PLC 结构形式的外形图

12.2　PLC 的功能

随着科学技术的不断发展，可编程序控制技术日趋完善，其功能越来越强。它不仅可以代替继电器控制系统，使硬件软化，提高系统的可靠性和柔性，而且还具有运算、计数、计时、调节、联网等许多功能。PLC 与计算机系统也不尽相同，它省去了一些函数运算功能，却大大增强了逻辑运算和控制功能，其中包括步进顺序控制、限时控制、条件控制、计数控制等，而且逻辑电路简单，指令系统也大大简化，程序编制方法容易掌握，程序结构简单直观。它还配有可靠的 I/O 接口电路，可直接用于控制对象及外围设备，使用极其方便，即使在很恶劣的工业环境中，仍能保持可靠运行。

1. 逻辑控制

PLC 具有逻辑运算功能，它设置有"与"、"或"、"非"等逻辑运算指令，能够描述继电器触点的串联、并联、串/并联、并/串联等各种连接。因此，它可以代替继电器进行组合逻辑和顺序逻辑控制。

2. 定时控制

PLC 具有定时控制功能。它为用户提供若干个定时器并设置了定时指令。定时时间可由用户在编程时设定，并能在运行中被读出与修改，其最小单位可在一定范围内进行选择，因此，使用灵活、操作方便。

3. 计数控制

PLC 具有计数控制功能，可为用户提供若干个计数器并设置了计数指令。计数值可由用户在编程时设置，并在运行中被读出与修改。

4. A-D、D-A 转换

大多数 PLC 还具有模–数（A–D）和数–模（D–A）转换功能，能完成对模拟量的检测与控制。

5. 定位控制

有些 PLC 具有步进电动机和伺服电动机的控制功能，

能组成开环系统或闭环系统，实现定位控制。

6. 通信与联网

有些 PLC 具有联网和通信功能，可以进行远程 I/O 控制；多台 PLC 之间可以进行同位链接，还可以与计算机进行上位链接。由一台计算机和多台 PLC 可以组成"集中管理、分散控制"的分布式控制网络，以完成较大规模的复杂控制。

7. 数据处理功能

大多数 PLC 都具有数据处理功能，能进行数据并行传送、比较运算；BCD 码的加、减、乘、除等运算；还能进行字的按位"与"、"或"、"异或"、求反、逻辑移位、算术移位、数据检索、比较、数制转换等操作。

随着科学技术的不断发展，PLC 的功能还在不断拓宽和增强。

12.3　PLC 的应用范围

PLC 是计算机技术与继电器逻辑控制概念相结合的一种新型控制器，它是以微处理机为核心、用作数字控制的专用计算机。随着微电子技术、计算机技术的发展和数据通信技术的推进，PLC 已逐渐取代了传统的逻辑控制装置，是当前先进工业自动化的三大支柱之一。它在机电一体化产品中应用范围极广，如汽车制造、化工、食品、能源、木制品、造纸、冶金、机床、原材料处理、动力、纺织等行业中都有广泛的应用。

12.4 PLC 的特点

由于 PLC 具有以上的功能和特点，它在顺序控制中获得了越来越广泛的应用，而且还进一步向过程控制、监控和数据采集、统计过程控制、统计质量控制等各个领域渗透。

1）工作可靠、抗干扰能力强、环境适应性好。PLC是专门为工业控制而设计的，在设计和制造中均采用了诸如屏蔽、滤波、隔离、无触点、精选元器件等多层次有效的抗干扰措施，因此可靠性很高。此外，PLC 具有很强的自诊断功能，可以迅速、方便地判断出故障，减少故障排除时间，可在各种恶劣环境中使用。

工作可靠是 PLC 最突出的优点之一，一般 PLC 都采用单片机为核心，少数采用单片 PLC 的集成芯片，使 PLC 不易受到干扰，大大降低了 PLC 的故障率（据统计，PLC 的故障率为70%）。此外，PLC 还有断电保护和自诊断功能，以应对故障的发生。

2）可与工业现场信号直接输入/输出相连接。PLC 最大的特点是针对不同的现场信号（如直流和交流，开关量与模拟量，电压或电流，强电或弱电等）有相应的输入/输出模块可与工业现场的器件（如按钮、行程开关、传感器及转换器、电磁阀、电动机或控制阀等）直接连接，并通过数据总线与处理器模块连接。

3）组合灵活、运行迅速。PLC 通常采用积木式结构，便于将 PLC 与数据总线连接,组合灵活:工作快节奏、高速度,为继电器逻辑控制所望尘莫及。

4)编程容易。PLC 的编程多采用梯形图编程方式,简单、形象、易于现场操作人员理解操作,而且无须具备计算机专门知识。PLC 的设计者在设计 PLC 时已充分考虑到使用者的习惯和技术水平及用户使用方便,摒弃了计算机常用的编程语言的表达形式,采用了与继电器控制电路有许多相似之处的梯形图作为程序的主要表达方式,程序清晰直观,指令简单易学,编程步骤和方法容易理解和掌握。

5)安装简单,维修方便。PLC 对现场环境要求不高,使用时只需将检测器件及执行设备与 PLC 的 I/O 端子连接无误,系统便可工作。各模块均有状态指示、故障指示。用户可通过更换模块迅速恢复生产,缩短故障停机时间。

6)完善的监视和诊断功能。各类 PLC 都配有醒目的内部工作状态、通信状态、I/O 点状态和异常状态等显示,也可以通过局部通信网络,由高分辨率彩色图形显示系统监视网内各台 PLC 的运行参数和报警状态等;具有完善的诊断功能,可诊断编程的语法错误、数据通信异常、内部电路运行异常、RAM 后备电池状态异常、I/O 模块配置变化等。

7)应用灵活、通用性好。PLC 的用户程序可简单而方便地修改,以适应各种不同工艺流程变更的要求;PLC

品种多，可由各种组件灵活组成不同的控制系统。同一台 PLC 只要改变控制程序就可实现控制不同的对象或不同的控制要求；构成一个实际的 PLC 控制系统，一般不需要很多配套的外围设备。

12.5　PLC 各个部分的工作原理

　　PLC 是一种数字式的自动控制装置，能实现逻辑控制、顺序控制、定时、计数控制及算术运算等。用户可按各自的要求编写程序，存入 PLC 的 ROM 中，通过数字量或模拟量的输入/输出接口，去控制生产设备或生产工艺流程。PLC 具有可靠性高，适应工业现场的高温、冲击和振动等恶劣环境的特点。因而在工业生产控制与管理过程中，几乎 80% 以上的工作可以由 PLC 来完成。同时可取代继电器控制装置完成顺序控制和程序控制，进行 PID 回路调节，也可以构成高速数据采集与分析系统，实行开环的位置控制和速度控制。它能与计算机联网通信，构成由计算机集中管理、用 PLC 进行分散控制的分布式控制管理系统。

　　PLC 的品种繁多，大、中、小型 PLC 的功能也不尽相同，其结构也有所不同，但主体结构形式大体上是相同的，由中央控制单元、电源、输入/输出电路及编程器等构成，其结构框图如图 12-2 所示。

1. 中央控制单元

中央控制单元一般为微型计算机系统，包括微处理

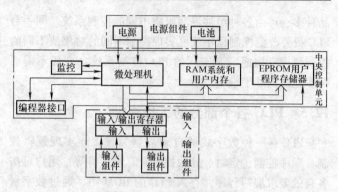

图 12-2　PLC 的结构框图

器、系统程序存储器、用户存储器、计时器、计数器等。

　　系统程序存储器用来存放系统程序。系统程序是 PLC 研制者所编制的程序，包括监控程序、解释程序、自诊断程序、标准子程序及各种管理程序。系统程序用来管理、协调 PLC 各部分的工作，翻译和解释用户程序，进行故障诊断等。

　　用户存储器可分为两大部分：一部分用来存储用户程序，常称为用户程序存储器，具有掉电保护功能；另一部分则作为系统程序和用户程序的缓冲单元，常称为变量存储器，在这一部分中，有些具有掉电保护功能。

　　用户存储器用来存放正在进行调试的用户程序，掉电保护功能使程序的修改、完善、扩充变得十分方便。微处理器对变量存储器某一部分可进行字操作，而对另一部分可进行位操作。在 PLC 中，对可进行字操作的缓冲单元常称为字元件（也称数据寄存器），对可进行位操作的缓冲单元常称为位元件（也称中间继电器）。

2. 输入/输出电路

输入电路是 PLC 与外部连接的输入通道。输入信号如按钮、行程开关及传感器输出的开关信号、脉冲信号、模拟量等）经过输入电路转换成中央控制单元能接收和处理的数字信号。

输出电路是 PLC 向外部执行部件输出相应控制信号的通道。通过输出电路，PLC 可对外部执行部件（如接触器、电磁阀、继电器、指示灯、步进电动机、伺服电动机等）进行控制。

输入/输出电路根据其功能的不同，可分为数字输入、数字输出、模拟量输入、模拟量输出、计数、位置控制、通信等各种类型。在 PLC 中，有时把数字量输入/输出、模拟量输入、输出电路以外的其他输入/输出电路称为功能模块。

3. 电源组件

电源组件能将交流电转换成中央控制单元、输入/输出组件所需要的直流电源；能适应电网波动、温度变化的影响，对电压具有一定的保护能力，以防止电压突变时损坏中央控制器。另外，电源组件内还装有备用电池（锂电池），以保证在断电时存放在 RAM 中的信息不致丢失。因此，用户程序在调试过程中，可采用 RAM 存储，便于修改程序。

4. 编程器

编程器是 PLC 的重要外围设备。它能对程序进行编制、调试、监视、修改、编辑，最后将程序固化在 EEP-ROM 中。根据功能的不同，编程器可分成简易型和智能型两种。简易型编程器只能在线编程，通过一个专用接口与 PLC 连接。程序以软件模块形式输入，可先在编程器 RAM 区存放。利用编程器进行程序调试，可随时插入、删除或更改程序，调试通过后转入 EEPROM 中存储。

智能型编程器既可在线编程，又可离线编程，还可远离 PLC 插到现场控制站的相应接口进行编程，可以实现梯形图编程、彩色图形显示、通信联网、打印输出控制和事务管理等。编程器的键盘既可采用梯形图语言键或指令语言键，通过屏幕对话进行编程，也可用通用计算机作为编程器，通过 RS-232 通信口与 PLC 连接。在计算机上进行梯形图编辑、调试和监控，可实现人-机对话、通信和打印等。

12.6　PLC 的基本原理

PLC 由一个专用微处理器来管理程序，将事先已编好的监控程序固化在 EEPROM 中。微处理器对用户程序作周期性循环扫描。运行时，逐条地解释用户程序，并加以执行。程序中的数据并不直接来自输入或输出模块的接口，而是来自数据寄存器区，该区中的数据在输入采样和输出锁存时周期性地不断刷新。

　　PLC 的扫描可按固定的顺序进行，也可按用户程序指定的可变顺序进行。而顺序扫描的工作方式简单直观，既可简化程序的设计，也可提高 PLC 运行的可靠性。通常对用户程序的循环扫描过程，分为三个阶段，即输入采样阶段、程序执行阶段和输出刷新阶段，如图 12-3所示。

　　1）输入采样阶段。当 PLC 开始工作时，微处理器首先按顺序读入所有输入端的信号状态，并逐一存入输入状态寄存器中，在输入采样阶段才被读入。在下一步程序执行阶段，即使输入状态变化，输入状态寄存器的内容也不会改变。

　　2）程序执行阶段。采样阶段输入信号被刷新后，送入程序执行阶段。组成程序的每条指令都有顺序号，指令按顺序号依次存入存储单元。程序执行期间，微处理器将指令顺序调出并执行，并对输入和输出状态进行"处理"，即按程序进行逻辑、算术运算，再将结果存入输出状态寄存器中。

　　3）输出刷新阶段。在所有的指令执行完毕后，输出状态寄存器中的状态通过输出锁存电路转换成被控设备所能接收的电压或电流信号，以驱动被控设备。

　　PLC 经过这三个阶段的工作过程为一个扫描周期。可见全部输入、输出状态的改变需一个扫描周期，也就是输入、输出状态的保持为一个扫描周期。PLC 执行程序就是一个扫描周期接着一个扫描周期，直到程序停止执行为止，如图 12-3 所示。

图 12-3　PLC 程序执行过程原理框图

12.7　PLC 的主要性能指标

PLC 的主要性能通常可用以下各种指标进行描述。

1. I/O 点数

I/O 点数指 PLC 的外部输入端子数和输出端子数，是一项重要技术指标。通常小型机有几十个点，中型机有几百个点，大型机超过千点。

2. 用户程序存储容量

用户程序存储容量用于衡量 PLC 所能存储用户程序的多少。在 PLC 中，程序指令是按 "步" 存储的，一 "步" 占用一个地址单元，一条指令有时往往不止一 "步"。一个地址单元一般占两个字节（约定 16 位二进制数为一个字，即两个 8 位的字节）。例如，一个内存容量为 1000 步的 PLC，其内存为 2KB。

3. 扫描速度

扫描速度指扫描 1000 步用户程序所需的时间，以 ms/千步为单位。有时也可用扫描一步指令的时间计算，如 μs/步。

4. 指令系统条数

PLC 具有基本指令和高级指令，指令的种类和数量越多，其软件功能越强。

5. 编程元件的种类和数量

编程元件是指输入继电器、输出继电器、辅助继电器、定时器、计数器、通用"字"寄存器、数据寄存器及特殊功能继电器等，其种类和数量的多少关系到编程是否方便灵活，也是衡量 PLC 硬件功能强弱的一个指标。PLC 内部继电器的作用和继电器-接触器控制系统中的继电器十分相似，也有"线圈"和"触点"。但它们不是"硬"继电器，而是 PLC 存储器的存储单元。当写入该单元的逻辑状态为"1"时，则表示相应继电器的线圈接通，其常开触点闭合、常闭触点断开。所以，PLC 内部的继电器称为"软"继电器。

各种编程元件的代表字母、数字编号及点数因机型不同而有差异。

12.8　PLC 的编程原则

1) 梯形图的每一逻辑行（梯级）均起始于左母线，然后是中间节点，终止于右母线。各种元件的线圈接于右母线一边；任何触点不能放在线圈的右边与右母线相连；线圈一般也不允许直接与左母线相连。正确的接线如图 12-4a所示。

2) 编制梯形图时，应尽量做到"从左到右、自上而下"的执行程序的顺序,并易于编写指令语句表。图 12-4b所示的是合理的接线方法。

3)在梯形图中应避免将触点画在垂直线上,这种桥式梯形图无法用指令语句编程,应改画成能够编程的形式,如图 12-4c 所示。

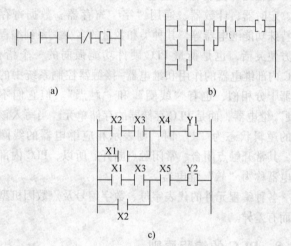

a)

b)

c)

图 12-4　正确接线示意图

4)继电器线圈和触点的使用。同一编号的继电器线圈在程序中只能使用一次,不得重复使用,否则将引起误操作,但其常开、常闭触点可重复多次使用,如图 12-4c 中的 X1、X2、X3。由此可以看出,在同一逻辑支路中,串联和并联触点数目是无限的。

5）不允许几条并联支路同时运行。当 PLC 处于运行状态时，就开始按照梯形图符号排列的先后顺序（从上到下、从左到右）逐一进行处理，PLC 对梯形图是按扫描方式顺序执行，因此不存在几条并列支路同时动作的因素，所以在设计上可减少许多约束关系的联锁电路，从而使程序简单化。

6）计数器、计时器在使用前要赋值。

7）外部输入设备常闭触点的处理。图 12-5a 是电动机直接起动控制的继电器–接触器控制电路，其中停止按钮 SB1 是常闭触点。如用 PLC 来控制，则停止按钮 SB1 和起动按钮 SB2 是它的输入设备。在外部接线时，SB1 有两种接法。

如图 12-5b 的接法，SB1 仍接成常闭形式，接在 PLC 输入继电器的 X1 端子上，则在编制梯形图时，用的是常开触点 X1。因 SB1 闭合，对应的输入继电器接通，这时它的常开触点 X1 是闭合的。按下 SB1，断开输入继电器，它才断开。

如图 12-5c 的接法，将 SB1 接成常开形式，则在梯形图中，用的是常闭触点 X1。因 SB1 断开时对应的输入继电器断开，其常闭触点 X1 仍然闭合。当按下 SB1 时，接通输入继电器，它才断开。

在图 12-5c 的外部接线图中，输入端的直流电源 E 通常是由 PLC 内部提供的，输出端的交流电源是外接的。"COM" 是两端各自的公共端子。

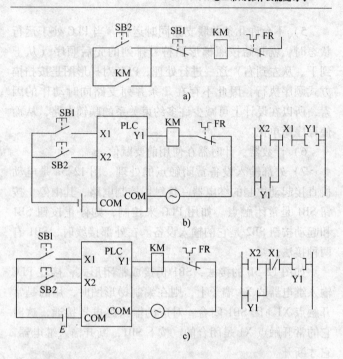

图 12-5　电动机直接起动控制的继电器-接触器控制电路

从图 12-5a、c 可以看出，为了使梯形图和继电器 –
接触器控制电路——一对应，PLC 输入设备的触点应尽可能
地接成常开形式。

此外，热继电器 FR 的触点只能接成常闭的，通常不
作为 PLC 的输入信号，而将其直接通/断接触器线圈。

12.9　编程语言的种类

1. 逻辑语言

逻辑功能图表达方式基本上沿用了数字逻辑电路的"与"、"或"、"非"门电路的逻辑语言来描述，用逻辑框图形式表示。对每一种功能都使用一个运算方块，其运算功能则由方块内外的符号确定。例如，如图12-6所示，"&"表示逻辑"与"运算；"≥1"表示逻辑"或"运算；"1"表示逻辑"非"运算。

图12-6a是一个简单的逻辑功能图。一般与功能块有关的输入信号画在方块的左边，与功能块有关的输出信号画在方块的右边。在左边和右边应分别写上标识符和地址码。图中，X000、X001、M100为输入信号的标识符和地址码；Y030为输出信号的标识符和地址码。功能块表示如下逻辑关系：

$$Y030 = X000 \cdot X001 \cdot M100$$

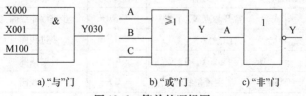

a)"与"门　　　　b)"或"门　　　　c)"非"门

图12-6　简单的逻辑图

采用逻辑功能图来描述程序，易于描述较为复杂的控制功能，表达直观，查错容易。因此它是编程中较为常用的一种表达方式。但它必须采用带有显示屏的编程器才能描述，而且连接范围也受到显示屏幅面的限制。

2. 梯形图

(1) 常用符号

PLC 梯形图图形符号借助于继电器-接触器的常开、常闭触点、按钮、线圈及它们的串联、并联的术语和符号，两者对照，则直观明了。和电路图一样，在绘制梯形图之前，首先熟悉绘制梯形图的有关符号。

常用符号"⊣├"和"⊣/├"来表示可编程序控制器元件的常开、常闭触点，而用符号"—( )—"或"[ ]"表示元件的线圈……详见表 12-1。输入信号和被控制对象必须标上相应的标识符和地址码，图 12-7（与或门）中的 X000、X001、X002 和 Y030。图中所表示的逻辑关系为

$$Y030 = X000 \cdot X001 + X002$$

表 12-1　梯形图的常用符号

图形符号	功能	图形符号	功能
⊣├	常开触点 X，Y，…	—(SS)—	步进顺序线圈
⊣/├	常闭触点 X，Y，…	—(ST)—	步进线圈
[ ]—( )—	线圈 Y，R，C	—(n)—	计时线圈
—(MS)—	主置位线圈	—(E)—	终止线圈
—(MR)—	主复位线圈	⊣↑├	脉冲触点
—(S)—	置位线圈	—(J)—	跳转线圈
—(R)—	复位线圈	—(JE)—	跳转线圈

（2）梯形图

采用接点梯形图来表达程序的方法，看上去与传统的继电器电路图非常类似。因此，它比较直观形象，对于那些熟悉继电器电路的设计者来说，易被接受。

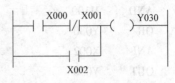

图 12-7　梯形图中的符号

另外，为了在编程器的显示屏上直接读出接点梯形图所描述的程序段，构成接点梯形图的图案电流支路都是一行接一行地横着向下排列的。每一条电流支路的触点符号为起点，而最右边的线圈符号为终点，如图12-8所示。接点梯形图多半适用于简单的连接功能的编程。

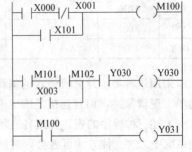

图 12-8　多条支路的梯形图

3. 语句表

语句表形式是使用助记符来编制 PLC 程序的语言，表示程序的各种功能。语句表类似于计算机的汇编语言，但比汇编语言容易得多。每一条指令都包含操作码和操作数两个部分，操作数一般由标识符和地址码组成。下面是一个简单的语句表。

```
LD      X000
AND     M100
OR      Y030
ANI     X002
OUT     Y030
```

语句表中各部分含义表 12-2。

表 12-2　语句表中各部分含义

操作码	操作数	操作数中的标识符	操作数中的地址码
LD	X000	X	000
AND	M100	M	100
OR	Y030	X	030
ANI	X002	X	002
OUT	Y030	Y	030

采用这种类似计算机语言的编程方式，可使编程设备简单、逻辑紧凑，而且连接范围也不受限制。

上述三种程序的表达方式各有所长，在比较复杂的控制系统中，这三种方式可能会同时使用，但对于简单的控制系统采用一般的 PLC 进行人工编程时，大多采用接点梯形图编制程序。当设计好接点梯形图后再根据接口、梯形图写出语句表，最后便可将语句表输入 PLC 中进行调试。

12.10　PLC 的编程方法

以图 12-11 所示的笼型电动机正/反转控制电路为例

来介绍用 PLC 控制的编程方法。

1. 确定 I/O 点数及其分配

停止按钮 SB1、正转起动按钮 SB2、反转起动按钮 SB3 三个外部按钮需接在 PLC 的三个输入端子上，可分别分配为 X0、X1、X2 来接收输入信号；正转接触器线圈 KM1、反转接触器线圈 KM2 需接在两个输出端子上，可分别分配为 Y1 和 Y2，共需用 5 个 I/O 点，见表 12-3。

表 12-3 I/O 点数

输入		输出	
SB1	X0	KM1	Y1
SB2	X1		
SB3	X2	KM2	Y2

外部接线如图 12-9 所示。按下 SB2，电动机正转；按下 SB3 则反转。在正转时如要求反转，必须先按下 SB1。至于自锁和互锁触点是内部的"软"触点，不占用 I/O 点。

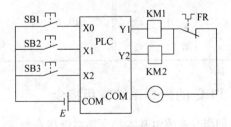

图 12-9 外部接线

2. 编制梯形图和指令语句表

本例的梯形图如图 12-10 所示，语句表见表 12-4。

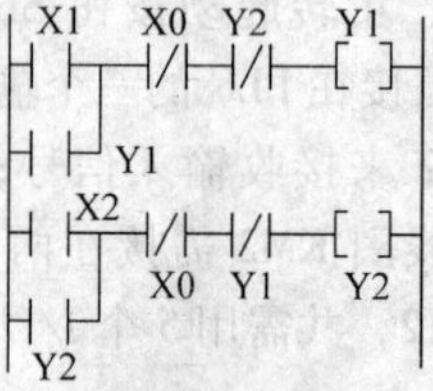

```
 X1    X0  Y2   Y1
├┤├───┤/├─┤/├──[ ]┤
│                 │
├┤├               │
  Y1              │
     X2  X0  Y1   Y2
  ├┤/├─┤/├─┤/├──[ ]┤
│                 │
├┤├               │
Y2
```

图 12-10 梯形图

表 12-4 语句表

地址	指令		地址	指令	
0	ST	X1	6	OR	Y2
1	OR	Y1	7	AN/	X0
2	AN/	X0	8	AN/	Y1
3	AN	Y2	9	OT	Y2
4	OT	Y1	10	ED	
5	XT	X2			

12.11 PLC 的指令系统常用指令

PLC 的指令系统由基本指令和高级指令组成，共 160 多条，常用的基本指令见表 12-5。

表 12-5　常用的基本指令表

指令名称	作　用
起始指令 ST	逻辑运算开始
输出指令 OT	输出结果
触点串联指令 AN	单个常开与常闭触点串联
触点并联指令 OR	单个常开与常闭触点并联
反指令 /	运算结果取反
定时器指令 TMR	定时单位为 0.01s 定时器
定时器指令 TMX	定时单位为 0.1s 定时器
定时器指令 TMY	定时单位为 1s 定时器
计数器指令 CT	计数脉冲
堆栈指令 PSHS	储存运算结果（压入堆栈）
堆栈指令 RDS	读出存储运算结果（读出堆栈）
堆栈指令 POPS	读出清除存储结果（弹出堆栈）
微分指令 DF	触发信号上升沿，线圈接通一个扫描周期
微分指令 DF/	触发信号下降沿，线圈接通一个扫描周期
置位指令 SET	触发信号 X0 闭合时，Y0 接通
复位指令 RST	触发信号 X1 闭合时，Y0 接通
保持指令 KP	继电器线圈 Y 接通后并保持
结束指令 ED	程序运行结束

12.12　采用 PLC 对电动机进行正反转控制

　　某些单相交流电动机的旋转方向随其接线而改变。图 12-11 所示为电动机的接触器正反转控制电路。采用 PLC 来控制这类电动机正反转时，在断开正向控制触点到接通反向控制触点之间要有一段延时，如图 12-12 所示。

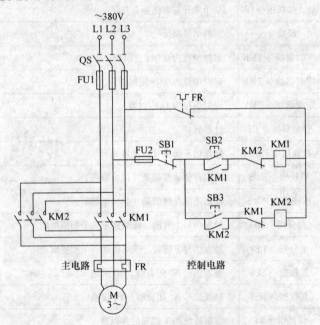

图 12-11　电动机的接触器正反转控制电路

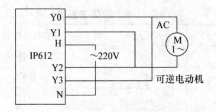

图 12-12　电动机的 PLC 正反转控制电路

IP 系列 PLC 的 H 端可以接相线或中心线，但两组之间 H 端是相互绝缘的。由两个输入信号 X0 及 X1 可控制电动机的正转、反转及停止。图 12-13 为电动机的正反转梯形图程序，它的逻辑关系见表 12-6。

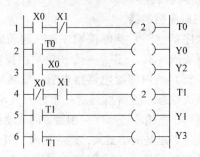

图 12-13　电动机的正反转梯形图程序

若用这种方法去控制一台三相交流电动机时要十分仔细考虑 Y0 和 Y1 的瞬时接通，否则会使设备毁坏。

表 12-6　逻辑关系表

输入信号 X0	输入信号 X1	电动机工作状态
OFF	OFF	停转
ON	OFF	正转
OFF	ON	反转
ON	ON	停转（应避免使用）

12. 13　采用 PLC 对喷漆机械手进行定位控制实例

喷漆机械手是采用步进顺序控制器分步控制的，首先介绍步进顺序控制器。

1. 步进顺序控制器

步进顺序器（SS）能够按顺序逐一起动后续的七个内部继电器线圈（ST），组成一个步进顺序控制器。当第一个标有（SS）的内部继电器得电后，使随后的七个线圈均处于释放状态。随后当其后一个标有（ST）的内部继电器得电时，这组步进顺序控制器带的其他继电器均释放，通电顺序必定是由小至大，逐一轮流。因此，步进顺序控制器是把连续的几个内部继电器组合起来，协调行动，它们在梯形图中的图形符号见表 12-7。

在 EPS 软件中并不规定步进顺序控制器从哪个内部继电器编号开始，也不一定在（SS）线圈后要跟随七个（ST）继电器，但最多是七个。如果需要超过八步时，可以把两个步进顺序控制器串接起来。

表 12-7　步进顺序控制器的图形符号

图形符号	功　　能
R7 —(SS)—	R7 内部继电器为步进顺序控制器的第一个线圈
R8 ~ R14 —(ST)—	R8 ~ R14 是步进顺序控制器的后续七步继电器线圈
R7 ~ R14 —┤├—	步进顺序控制器的常开触点，瞬时动作
R7 ~ R14 —┤/├—	步进顺序控制器的常开触点，瞬时动作

2. 喷漆机械手的定位控制电路

一个带有红、绿、蓝三种颜色油漆喷枪的机械手在一条有四个工位的通道中移动。机械手能喷出三种颜色，在四工位要喷刷四段颜色，如图 12-14a 所示。每个工位的交界处都设置一个位置传感器，此外，在起点及终点也各设一个位置传感器，总共五个位置传感器，其梯形图如图 12-14b 所示。

喷漆机械手由 X0 位置传感器启动控制。红色喷枪由 Y2 输出点控制，绿色喷枪及蓝色喷枪分别由 Y3 及 Y4 控制。R0 ~ R5 组成一组步进顺序控制器。输出点 Y0 控制机械手前进，Y1 控制机械手返回。

首先，X0 位置传感器发出启动信号，使步进顺序控制器启动，这时 R0 内部继电器吸合，其余五个线圈释

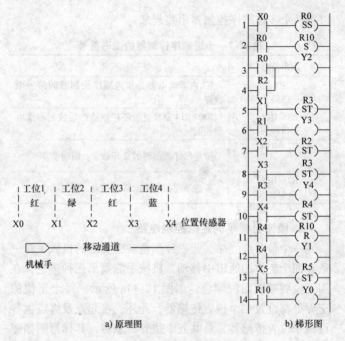

a) 原理图　　　　　　　　　　b) 梯形图

图 12-14　喷漆机械手的定位控制电路

放。由于 R0 接通，使 R10 置位，驱动输出点 Y0。于是机械手前进，同时 R0 触点驱动输出点 Y2，使机械手上的红色喷枪工作。当机械手行进到 X1 处，X1 位置传感器发出信号，使 X1 触点接通，内部继电器 R1 吸合，同时 R0 断开。因为 R0 是步进顺序控制器的第一个线圈，R1 触点驱动输出点 Y3，使机械手上的绿色喷枪工作。当机械手继续前进到 X2 处，X2 位置传感器动作，使 R2 吸合，同时断开 R1。与此类同，直至机械手达达终点 R4，使 R10 复位，于是机械手停止前进。当 R4 接通 Y1 线圈时，机械手便返回起点。起始点的位置传感器 X0 发出信号，于是 PLC 的 X6 接通，机械手又开始下一次喷漆工作。

附录 电工常用电气电路图形
符号与文字符号

类别	图形符号	名称	文字符号
电阻		电阻	R
		可变电阻	R
		压敏电阻	RV
		热敏电阻	RT
		带滑动触头的电位器	RP
电工常用图形符号		直流	DC
		交流	AC
		接地一般符号	
		保护接地	PE
	或	接机壳或底板	
	或	三根导线	
	•	连接，连接点	
	○	端子	X

（续）

类别	图形符号	名称	文字符号
接插器		插座（内孔）的或插座的一个极	XS
		插头或插头的一个极	XP
半导体二极管		二极管	VD
		发光二极管	VL
		稳压二极管	VS
		双向二极管	VD
晶闸管		一般晶闸管	VTH
		双向晶闸管	VTH
半导体管		PNP 型晶体管	VT
		NPN 型晶体管	VT
		光敏晶体管	VT
		蜂鸣器	HA
电容器		电容器的一般符号	C
		极性电容器	C
		可调电容器	C

（续）

类别	图形符号	名称	文字符号
电感器	⌒⌒⌒	电感器符号	L
	⌒⌒⌒	带磁心的电感器	L
压电晶体		压电晶体	B
开关	或	开关的一般符号	SA
		手动开关一般符号	SA
		手动三极开关	QS
		三极隔离开关	QS
		三极负荷开关	QS
		三极旋钮开关	QS
		低压断路器	QF
	后　　前 21 0 12	控制器或操作开关	SA

（续）

类别	图形符号	名称	文字符号
测量仪表	Ⓥ	电压表	PV
	Ⓐ	电流表	PA
熔断器	▬▭▬	熔断器	FU
互感器	⊏⊐ 或 ⊘⋕	电流互感器	TA
	∿∿∿∿	电压互感器	TV
电抗器，扼流圈	⟪	电抗器	L
接触器	▭	线圈操作器件	KM
	⟋ ⟋ ⟋	常开主触头	KM
	⟋	常开辅助触头	KM
	⟍	常闭辅助触头	KM
位置开关	⟍	常开触头	SQ
	⟍	常闭触头	SQ

(续)

类别	图形符号	名称	文字符号
位置开关		复合触头	SQ
电磁操作器	▭ 或 ▭	电磁铁的一般符号	YA
		电磁吸盘	YH
按钮	E─\	常开按钮	SB
	E─/	常闭按钮	SB
	E─\/	复合按钮	SB
		急停按钮	SB
		钥匙操作式按钮	SB
电动机	Ⓜ	直线电动机	M
	Ⓜ	步进电动机	M
	Ⓜ 3~	三相笼型异步电动机	M

（续）

类别	图形符号	名称	文字符号
电动机		三相绕线转子异步电动机	M
		他励直流电动机	M
		并励直流电动机	M
		串励直流电动机	M
发电机		发电机	G
		直流测速发电机	TG
中间继电器		线圈	KA
		常开触头	KA
		常闭触头	KA
电磁操作器		电磁离合器	YC

（续）

类别	图形符号	名称	文字符号
电磁操作器		电磁制动器	YB
		电磁阀	YV
热继电器		热元件	FR
		常闭触头	FR
时间继电器		通电延时吸合线圈	KT
		断电延时缓放线圈	KT
		瞬时闭合的常开触头	KT
		瞬时断开的常闭触头	KT
		延时闭合的常开触头	KT
		延时断开的常闭触头	KT

（续）

类别	图形符号	名称	文字符号
时间继电器		延时闭合的常闭触头	KT
		延时断开的常开触头	KT
电流继电器	*I>*	过电流线圈	KA
	I<	欠电流线圈	KA
		常开触头	KA
		常闭触头	KA
电压继电器	*U>*	过电压线圈	KV
变压器		单相变压器	TC
		三相变压器	TM
灯	⊗	信号灯（指示灯）	HL
	⊗	灯，照明灯	EL

图书在版编目（CIP）数据

电工常用操作技能随身学/凌玉泉，黄海平等编. —北京：机械工业出版社，2013.10

（随时随地轻松学电工丛书）

ISBN 978-7-111-43627-0

Ⅰ.①电…　Ⅱ.①凌…②黄…　Ⅲ.①电工技术—基本知识　Ⅳ.①TM

中国版本图书馆 CIP 数据核字（2013）第 185299 号

机械工业出版社（北京市百万庄大街 22 号　邮政编码 100037）
策划编辑：张俊红　责任编辑：间洪庆
版式设计：常天培　责任校对：闫玥红
封面设计：赵颖喆　责任印制：李　洋
北京瑞德印刷有限公司印刷（三河市胜利装订厂装订）
2013 年 11 月第 1 版·第 1 次印刷
119mm × 165mm · 13. 75 印张 · 263 千字
0001—4000 册
标准书号：ISBN 978-7-111-43627-0
定价：35.00 元